什么样的人

赚

什么样的

钱

孙颢◎编著

中国华侨出版社
·北京·

图书在版编目 (CIP) 数据

什么样的人赚什么样的钱 / 孙颢编著 . — 北京：
中国华侨出版社， 2010. 11（2025. 4 重印）
ISBN 978-7-5113-0821-4

Ⅰ . ①什… Ⅱ . ①孙… Ⅲ . ①成功心理学—通俗读物
Ⅳ . ① B848.4-49

中国版本图书馆 CIP 数据核字（2010）第 208889 号

什么样的人赚什么样的钱

编　　著：孙　颢
责任编辑：唐崇杰
封面设计：周　飞
经　　销：新华书店
开　　本：710 mm × 1000 mm　1/16 开　　印张：12　字数：131 千字
印　　刷：三河市富华印刷包装有限公司
版　　次：2010 年 11 月第 1 版
印　　次：2025 年 4 月第 2 次印刷
书　　号：ISBN 978-7-5113-0821-4
定　　价：49.80 元

中国华侨出版社　北京市朝阳区西坝河东里 77 号楼底商 5 号　邮编：100028
发 行 部：（010）64443051　　　　　传　真：（010）64439708

如果发现印装质量问题，影响阅读，请与印刷厂联系调换。

前 言
Preface

　　有人辛劳一生却庸庸碌碌；有人打拼终生却勉强养家糊口；有人轻轻松松就过上了想过的日子。你希望金钱赚够之日，就是青春耗尽之时吗？

　　有钱有闲的生活，是多数人毕生奋斗的目标与梦想。

　　每个人或许都幻想过这样的场景：被流星砸到，嫁娶个有钱人；或是买彩票中了 500 万大奖，然后取出一部分换成 5 角"金币"，天天没事儿在家数钱玩，数着向往已久的幸福与痴迷，数到两手抽筋。

　　生活在当代的人们，无人不渴望富有。许许多多的人，也埋头苦干、努力工作、出大力流大汗，生活却没有改善；收入增多了，开支却也增大了；这些还不算什么，可单位破产得自己找饭碗了，这才是最要命的。当生存出现了危机的时候，钱似乎更是蓬山万里，可望而不可即。

　　信不信由你：在这个世界上，没有谁注定要一辈子当穷光蛋。

　　其实，赚钱有的时候并不是很难。只要你有一个聪明的头脑，有新的赚钱思路，你的资产会快速增长；只要你有一个新的金钱观念，你手中的钱会活起来；只要你有一个新的创意，会让你可以找到赚大钱的新路；只要你有一个新的招数，你能出奇制胜，就能由穷人变成富翁……

或许，现在的您身无分文，没关系，只要掌握了恰当的赚钱方法和技巧，赚钱于您将易如探囊取物。

只是，赚钱的招数仅有极少数的人能够想到，想不到的人该怎么办呢？毫无疑问，就赶紧看看《什么样的人赚什么样的钱》吧！从本书中获得赚钱的招数是最简单的了。

本书摒弃了枯燥的说理和说教，通过精彩有趣、通俗易懂的故事来讲述什么样的人该去赚什么样的钱。

无论你一直在努力致富却尚未成功，还是仅仅需要信心去追求大的梦想，本书都是你的绝佳选择。

细阅本书，定能助你把握赚钱的良机，实现富翁之梦。

目 录
Contents

第一章

头脑精明者——思维灵活赚到钱

无论什么时候，生意都难做、钱都难赚，所以人们有生意难做、钱难赚的感叹；无论什么时候，生意都好做、钱都好赚，只要你是个头脑精明的人，思维能灵活一点，你就能财源滚滚。

第二章

目光长远者——抓住机遇赚到钱

不谋全局者,不足以谋一域;不谋长久者,不足以谋一时。在市场瞬息万变的今天,不会有永远的热门,也没有真正的冷门。谁眼光长远,谁就获利丰厚。那些只注重眼前小利的商人,最终会在竞争中被淘汰。如果你想在商海中站住脚,如果你想把自己的生意做大,那么请拿起你的望远镜,往前方看。

第三章

心思缜密者——讲究细节赚到钱

"天下大事,必作于细。"老子的话在市场中也非常适用。面对不同的受众、不同的消费群体与消费需求,搞"一刀切",只用某一类产品便想满足所有的消费者显然是不现实的。心思缜密的人会把点子用到这里：细分市场，给产品以明确定位，更好地服务市场，也自然能大获成功。

第四章

准备充分者——示假隐真赚到钱

有的人认为赚钱难，而有些人又觉得赚钱简单，要善于摸索规律、运用规律，做生意时不能不用的一些小计谋，赚钱对你来说也就不那么难了。

第五章

肯舍小利者——舍小"甜头"赚到钱

许多事作为一个旁观者看来常觉得高深莫测，赚钱就是这样。实际上你只要找到窍门，就能顿悟而立地成"商"。运用"甜头"的技巧就是这样一个做生意的窍门。

第六章

巧于借力者——背靠大树赚到钱

赚钱的战略战术和方式方法不胜枚举，但能够借力用力显然不是什么样的人都能做到的，唯借力乃修炼谋术之道的至高境界。一个人要想提升自己的经商层次，借力是一条必经之路。只有巧于借力，练就四两拨千斤的技巧，才能借力，从而获取更大的利益。

第七章

敢于冒险者——巧借风险赚到钱

商场如战场，走出去的每一步都意味着风险和失败，也正是因为这样，那些从困境中拼搏出来的商业英豪才令人肃然起敬。冒险并不意味着蛮干，而是从积极开拓中，从战略转型中，从与时间赛跑中寻找机会。它的价值不仅在于可以把握住机会，其行动本身同样可能创造出产生财富的机会。

第八章

善于创新者——以奇制胜赚到钱

在保守者的眼里，只有循规蹈矩、一成不变才是最稳妥的，但实际上，恰恰是创新，才是动力之源。创新就意味着突破旧有"瓶颈"，同时以一种新的方式来适应变化了的环境。在赚钱大军中，只有那些善于创新的人，才能以奇制胜赚到钱。

第一章

头脑精明者

——思维灵活赚到钱

无论什么时候，生意都难做、钱都难赚，所以人们有生意难做、钱难赚的感叹；无论什么时候，生意都好做、钱都好赚，只要你是个头脑精明的人，思维能灵活一点，你就能财源滚滚。

透过难点找钱点

思考型的人有回避空虚的"误区"，把自己的空虚归罪周围人的浅薄。他们远离人们，以自己的眼光观察现实，形成自己的看法，并试图自圆其说。

思考型的人通过避免与人产生过深的关系而确立自我价值。当不得不在人群中周旋时，他们倾向于泛泛之交。喜欢在不同的生活中的拥有不同的朋友和兴趣。对他们而言，把生活分成几个不同的部分是一种智慧，可以维护自己、避免过于暴露私生活。思考型的人和对方稍稍接触就能得到很多信息，因此，泛泛之交就足够了。比起涉及自己内心世界的话题来，他们更喜欢讨论各自的爱好。讨论彼此感兴趣的话题，或者以别人为话题。他们总喜欢扮演"旁观者"。

他们还喜欢学习心理学、占星术等方面的知识，这些学问能把人的各种纷繁复杂的特性整理得井井有条。思考型的人不喜欢和人深交、陷入复杂的人及关系，他们选择用头脑来理解情感。只要理解情感，就可以既避免卷入其中，又能轻松地讨论关于人们内心世界的话题。

思考型的人在做某件事情前，总是设法搜集所有的信息，以便能及时应变。一旦发生预料之外的事情，思考型的人会措手不及。只要发生的事不超过预想的范畴，他们一般都能比较冷静地处理。

有的机会并不是那么好抓的，而是要透过表面困难的现象，能看到背后的机会。尤其当你的事业不再是一个人简单的买入与卖出行为，而当在一个企业的经营模式下运行时，更要具备这种能力。

1972年，张果喜所在的厂因为经营管理不善，效益每况愈下，已濒临倒闭的边缘。结果，无法自负盈亏的木工车间被从厂里分离出来，单独成为木器厂。年轻的张果喜被任命为厂长。

张果喜名义上是厂长，可实际上除了三平板车木头和几间破工棚，就是21名职工和他们的家庭近百口人的吃饭难题，以及"分"到他们头上的24万元的沉重债务。

到了第一次发工资的时候，张果喜这个厂长手上却连一分钱都没有，血气方刚的他找到了父亲，要把家里的房子卖了——那房子还是土地改革时分给他们家的，已经住过张家祖孙三代人。人家当厂长，都忙着给自己家盖房子，张果喜却急着卖自己家的房子。尽管这样，通情达理的父亲因为理解儿子的难处，还是同意了。房子卖了1400元，张果喜把钱全部拿到了厂里，这成了他们最初的本钱。

单靠这点钱，又能发得上几回工资呢？木器厂必须得找到能挣钱的活干。张果喜想，一定得另找出路。

情急之下，他想到了上海。

张果喜与他的伙伴，4个人仅带了200元钱，就闯进了大上海。由于怕被扒手扒去这笔"巨款"，他们躲进厕所里，每人分 50 元藏在贴身口袋里。晚上舍不得住旅馆，就蜷缩在第一百货公司的屋檐下打地铺。他们从上海人口中得知，上海工艺品进出口公司大厦坐落在九江路——九江可是他们老家江西的地名呀，他们感到了几分亲切，也更增加了几分希望。

在工艺品进出口公司陈列样品的大厅里，张果喜被一种樟木雕花套箱吸引了目光。套箱是由两个或 3 个大小不一的箱子组合而成的，每个箱子都是单独的工艺品，套在一起又天衣无缝；箱子的四沿堆花叠翠，外壁层层相映着龙凤梅竹，显得精美非凡。当他听说每件套箱的收购价是 300 元的时候，感觉这简直是天上掉下来的馅饼。

300 元啊！他们 4 个人千里迢迢来闯上海，全部盘缠也才不过 200 元呀！他决定接下这批活儿。

工艺品进出口公司答应了张果喜提出的承做 50 套出口樟木雕花套箱的请求，并当场签订了合同。

张果喜的名字，第一次与 15 万元巨款连在了一起。

张果喜没有马上回去，他对伙伴们的木工技艺心中有数，知道要做这样精细的活还有难度，所以，他们先在上海艺术雕刻厂学了一个星期的木雕技术，把看到的一切都牢牢地记住。临走时，他从上海艺术雕刻厂的废纸堆里拣回了几张雕花图样，又捡走了一只报废的"老虎脚"。

回到九江的当天夜里，他顾不上休息，连夜召开全厂职工大会，要求大伙一定要把这第一批活干好。

但是，怎样才能干好呢？

张果喜把全厂的碎木料一一清理出来，分成三十几堆，全厂职工每人一堆，让大家照着样品上的花鸟去练习雕刻。接着，他把工人带到有"木雕之乡"美称的浙江省东阳市，向东阳县的老师傅学习；又把东阳的老师傅请到九江来教……就这样，张果喜和他的伙伴们如期交出了高质量的樟木雕花套箱。

在 1974 年的广交会上，他们独具一格的"云龙套箱"造成了极大的轰动。

张果喜决心要将工艺雕刻这碗饭吃到底了！他给每一位雕刻工发了画笔、画板，要求每人每天一张素描，由他过目、评分。他挤出经费，让雕刻工外出"游山玩水"，接受美的熏陶。于是，各种题材、各种风格、各种流派的雕刻艺术，都汇聚到他的办公室，各种图样争奇斗妍，美不胜收。

1979 年秋天，张果喜再次闯进大上海。同样在上海工艺品进出口公司的样品陈列厅里，他看中了比雕花套箱值钱得多的佛龛。

这是专门出口日本的高档工艺品。日本国民家家必不可少的"三大件"，就是别墅、轿车和佛龛。佛龛用来供奉各种佛像，虽然大小只有几尺见方，结构却像一座袖珍宫殿一样复杂。成百上千造型各异的部件，只要有一个部件不合规格或稍有变形，到最后就组装不起来，成为废品。因为工艺要求太高，许多厂家都不敢问津，但是，张果喜却看中了它用料不多而价格昂贵，差不多是木头变黄金的生意。

张果喜签了合同，带着样品返回家乡，一连 20 天泡在车间里，和工人们一起揣摩、仿制，终于取得了成功。张果喜庆幸自己抱住了一棵

"摇钱树"——1980年，他的企业创外汇100万日元，其中60万日元是佛龛带来的收入；1981年，他们创外汇156万日元，佛龛的收入超过100万日元。

"车到山前必有路"，人有时候缺的就是那么一点点压力，企业也是如此。在企业的发展面前横着无数的障碍，看似"山重水复疑无路"，但只要瞅准机会，顶着困难迎难而上，便能收"柳暗花明又一村"之效。

抓住了点子也就抓住了金子

由于对财富的渴望，每个人都有自己的"财商"。而关键是要把对财富的正常渴望放大，然后从最深处挖掘自己的"财商"，并尽情发挥出来。人生是由思想创造的，独特而奇特的观点是能力优越的象征。灵感是发明创造的钥匙，发明创造又是财富宝藏的大门。

思考型的人是消极与孤独的。在试图扭转不利局面时，当有人不按章法乱来时，他们不会去改变对方，自身也不做任何的反应。然而，不反应仅在与对方接触时。他们将与对方接触时获知的信息带回家，单独分析。

法国著名文学家莫泊桑说过："任何事物里，都有未被发现的东西，因为人们观看事物时，只习惯于回忆前人对它的想法。最细微的事物里也会有一分半点未被认识过的东西，让我们去发掘它！"

市场是无限的，人的需要也是无限的，在人的需求行动中，有一个重要的法则：那就是人的欲望是永无止境的，请牢记这一法则，在生活中出奇制胜，就可以获得意想不到的成功。

财富的获得有时就是一次突发奇想，就是把柠檬榨成柠檬汁的过程。

美国佛罗里达州有一个非常贫穷的画家，名字叫律蒲曼。因为太穷，他只有一丁点画具，连仅有的一支铅笔也已经被削得短短的了。

一天，当他在一心一意绘画的时候，却找不到了橡皮擦，费了好大的劲好不容易才找到它，把画面擦好后，又找不到铅笔了。他为此大为生气。之后，他用丝线将橡皮擦捆在铅笔的另一头。但用一会儿，橡皮擦又掉落下来。

"真是讨厌！"他又不高兴地叫着。

他下定决心一定要弄好它，这样不断地弄来弄去，几天后，终于想出来好的方法了，于是他便剪下一小块薄铁片，把橡皮与铅笔绕包起来。果然，下点功夫做出来的这个玩意儿相当管用。"说不定有一天这个东西会替我赚进一笔钱。"

他一想到确有必要申请专利，就去向亲戚借钱办理申请手续。这项专利日后卖给铅笔公司得到55万美元。

只要不埋没灵感，财富自会与你相伴而来。

戴维是个特别爱动脑筋的人。他抓点子发财的过程很简单：因为晚上老是要上洗手间，所以当他懒得开灯时，到厕所就难以一下找准马桶的位置。为了解决这个小小的问题，戴维调皮地在卫生间的马桶盖上涂上一层夜光粉，天黑时不开灯也可以方便地使用。这发明很实在，他那当轿车司机的爸爸兰斯和在超市上班的妈妈珍妮也真有点专利意识，立刻为他申报了发明权。这项发明权很快就被一家公司以高价买去，戴维得到了酬金10万美元。

时过不久，戴维又有了新的灵感，他想在自家的汽车上安装一部类似电视机的仪器，遇到堵车时，能够从屏幕上看到前头堵车的原因，据此就可以决定是等待还是绕道而行了。他把自己的想法告诉了一个同学的爸爸某教授。该教授听了戴维的设想后大为震惊，并受到启发，很快就设计出一种"堵车显相机"。教授得到了一笔巨款之后，从中拿了10万美元送到戴维家中。

许多人把发明创造想得非常复杂、非常神秘，认为那是科学家和发明家才能做的事情，一般人是没有这种能力的。其实这是大错特错的想法，发明创造并不是科学家和发明家的"专利"，生活中的每一个人都有发明创造的素质，只要善于培养，大胆施展，就能开发出来。以上两个例子就说明，发明人人可为，创造处处可行，关键在于你有没有主动进行发明创造的意识。

印度的"清洁剂"大王帕蒂尔白手起家，靠的就是这种主动进行发明创造的意识。

帕蒂尔出生在农民家庭，生活很苦。后来当上药剂师，这是他成功的起点。他刻苦钻研，积累知识，提高技术，立志改变家庭的贫困。但是苦于没有很好的机遇，有时候机遇只能去等，但是时间是不等人的。

一个周末的下午，他站在夕阳下看风景，想着自己的发财梦什么时候才能实现呢？这时，两个妇女的谈话打断了他的思考，一个说，唉，我每天的生活就是打扫卫生，也不知道哪里来的那么多脏东西。另一个说，是啊，我最发愁的也是这件事了，一些污渍，特别是厨房的，很难除掉。真希望有一种东西，一用就能把它们清洁掉。帕蒂尔突然有了一个想法，我何不朝这个方向发明创造呢？

说干就干，于是，他把挣来的钱拿出一部分来买化学药品，利用自己的知识、技术来做实验，想研制一种新型的清洁剂。他全身心地投入研究中，放弃了一切交际活动，终于在 1969 年的某一个周日研究出了一种新型的清洁剂。一开始，他只在亲朋好友中推销，让他们试一试。结果出乎大家的意料，这种清洁剂非常，效果良好。此时帕蒂尔觉得机会来了，他四处筹款，大量生产这种清洁剂。之后，帕蒂尔把清洁剂迅速推向市场，大造声势，以争取民心，既聘请大量的推销员去挨家挨户推销，又大做广告，使得他生产的"尼尔马"牌清洁剂一夜之间成为众人皆知的名牌产品。

由于产品质量上乘，深受客户欢迎，销量大增，帕蒂尔也成了印度白手起家的大富豪。

靠发明一点儿小玩意发财的人很多。如果你了解一下他们是如何发财的，你会发现，并不是他们有一个多么宏大的目标，然后向那个方向努力，最后终于得以实现。而是在不经意间，一个突发奇想的念头跳了出来，难得的是他们没有放弃。他们就这样成功了，也这样发财了。

赚别人想不到的钱

商海中有人挣钱，有人赔钱，创业难、赚钱难是多数人的体会。提高赚钱的嗅觉，利用现代化信息载体抓住"比别人早到5分钟"的商机，才会在激烈的商战中稳操胜券。

自信是一种积极的性格表现，是一种强大力量，也是一种最宝贵的资源。在人生的旅途上，是自信开阔了求索的视野；是自信，催动了奋进的脚步；是自信，成就了一个又一个梦想。可以说，没有自信，梦想只会是海市蜃楼；没有自信，生命只会是灰色基调；没有自信，再简单的事都会被认为是跨越不过去的障碍。须知，在生命的长河中，有顺境，也有逆境；有成功的喜悦，也有失败的苦涩。并且，通往成功的道路，绝不会是一帆风顺的，有时会荆棘丛生，甚至会出现断崖。这时，更需要自信心作为我们精神的支柱，否则，成功将与我们无缘。

争当第一个吃螃蟹的创业者，就是要敢于尝试创新，找出适合自己或企业发展的路；而且还要敢为天下先，永争第一。相反，如果不敢自己尝试创新，等看到别人成功后才步人后尘，企图分一杯羹，许多情况下只会有别人捡西瓜而我捡芝麻的结局。

当各厂商要推出新商品或倾销他们的库存货时，为了促进销售，都附带一些赠品给顾客。这些赠品中亦有很多十分可爱而实用的东西。

一个卖音响的商人，认为做这些赠品的买卖有利可图，就找赠送品中可爱而诱人的商品，直接向厂商订货，大量买来销售。

对厂商来说，该种商品有自己厂家的标记，卖得越多越能替自己做宣传，所以卖价往往便宜得令人不敢相信。

还有很多家庭，尤其是那些有权势的人，在中秋节和新春佳节时，都会收到很多的礼物。其中如饼盒、玻璃杯、烟灰缸等，有些东西收得太多，怎么也用不完。

于是有人就在公司的门市部开了一家"多余物品门市部"，以比厂商卖价便宜的价钱买下别人不用的商品，再以比市价便宜的价钱卖给消费者，从而大发其利。

现在他们所陈列的商品形形色色、大大小小，品种共有 2000 多种。从各地涌来的顾客，每天都在店内挤得水泄不通，这种拥挤情况已成为该店司空见惯的事了。

现代是一个"不用武器战争的时代"，无论你喜欢还是不喜欢，我们每个人都在这个竞争激烈的环境里生活着。所以，疲于生存竞争的现代人，非常需要一个可让紧张的神经放松的场所。

现在，在我国已有许多让人轻松休息的场所出现了。

1998 年广东番禺就有一家"悠闲谈话室"，是一位姓张的先生开的。原来的茶馆是给人休息谈话的地方，由于生意竞争激烈化，结果，它就变成为只喝茶、喝咖啡、不能充分休息谈话的地方了。

这家谈话室一改流行做法，可在那儿看电视、看报纸、看杂志，也可下围棋、打牌、写稿、谈天说地，如果困意袭来时也可到睡觉室去睡觉，还可利用它做会议场所。张先生的谈话室的收费是一个人一小时20 元。

张先生说："我开这一家谈话室以后才知道，身受种种烦忧的现代人是很需要这种场所的，这种生意的好处是并不需要雇人来帮忙，也不需要什么资金就可获利，开支也少，这样单纯的生意，连老人们和妇女们都能做。"

根据调查：1997 年一年间，在我国大约有五万种新产品上市，在全世界大约有二十多万种的新产品上市。

企业家在倾其全力从事开发新产品时，还有成千上万的人想做一番新事业。在这种情形下，开办一家介绍新生意新产品的公司，一定会有赚头。

在美国，规模最大的 S.O.U 商业公司，就是一家新产品介绍公司，该公司拥有 12 家分号。

该公司是以寻求新事业新产品的人作为买方，征求代理店和有专利权要让给别人的企业家发明家作为卖方，介绍他们去接洽，这便是他们主要的业务。

看起来他们的业务内容毫无突出的地方，然而从这种介绍公司年年增加以及相当赚钱的事实看来，这项生意的远景是相当美好的。

他们的介绍方法并不是把新生意新产品一一予以介绍，而是把需要者和供给者集合起来，采取展示会的形式由他们去选择品种，然后让他们去交涉。

1974 年 9 月，S.O.U 公司在纽约举办一个新产品展示会，为期 3 天，入场者四万多人，仅该公司的门票收入就有 8 万美元。展示会所需的开支和商品目录等费用，一概由企业家、发明家负担，可以说是一项本少利多的事业。

同样，创意也可以给个人带来财富。世界上没有免费的午餐，要想拥有财富，要想赚到钱，就必须主动地去争取。有一个大学毕业生，刚从学校出来，又找不到工作，非常沮丧与伤心，但她后来有一天看着自己的袜子忽然有了主意。她在白色棉袜袜口处镶上颜色鲜艳的小珠子、缝上碎花什么的，她为这个创意寻找了一家制袜工厂，后来她成了那家工厂的设计师。

几乎每当拿起一张报纸、一份杂志或收听新闻时，你都会了解到某个人由于发明、技术、通讯、投资、信息或某个超前的新观念而成功致富。创意确实是件很好的事情，但请不要以为创意只有天才才能做到，其实人人都可以有创意，只要你勤于观察，勤于思考，也许你也能想出许多赚钱的好点子。

格雷斯·雷耶斯是一位普通的母亲，她在喂小儿子吃药时遇到了麻烦，于是她寻找一个办法来解决这个问题，她突然想到可以把药放进棒棒糖里喂给他，后来她利用自己的创意创办了自己的公司，并使她的公司年收入近 500 万美元。

但是创意并不是总这么简单，有时候尽管你有一个好的创意，但可能会遭到激烈的嘲弄，不管你打算做什么，很多人都会肯定地预言，那是办不到的事，因此你需要承受很多的压力与打击，但如果你能在众口一词地反对你时，仍能坚信自己，不放弃自己的创意，也许最后就会成功。

当年，人们就断然地对爱德温·兰德说，要制造出一台能直接取出照片的相机，这种想法可笑极了。再者，吉姆斯·杯突发奇想，要把他那家小工程公司的股票公开推销给一般大众，也引来了整个得克萨斯州人的嘲笑。这类事件，如此这般地层出不穷，因此，要成为一位富翁，非具有超人的坚强意志不可。你不但需要有创意，而且还需要对这个创意有极其坚定的信心。

其实在茫茫人海、芸芸众生中，本来有很多人可以变成亿万富翁的，只是缺少了这种坚定的信心。每个人可能都曾经有过一种赚钱的创意，但是，因受到人们的阻挠或讥笑，而放弃了构想，以致今天仍默默无闻。如果当初坚定地去实行的话，也许现在已腰缠万贯了。

任何创意，只有迎合市场的需要，寻找到别人所看不到的机会和灵感，才有可能获利。

只要有更大的利益，即使目前损失一些也是值得的。

传统并非意味着淘汰

曾几何时，有人高呼以新技术取代所有的传统，科技的发展必将使传统淘汰，但现实生活中，人常常会留意旧有的、失去的东西。

成就型的人轻视依靠深思熟虑才能得到的创造性，他们认为效率比什么都重要，他们的日程表总是排得满满的。对他们来说，忽视效率不仅十分不健全，甚至还是一种恐怖。

众所周知，人总是在不断追求新奇的东西，抛弃旧有的、过时的东西。旧的传统似乎被淘汰了，但它只要没有消失，就有存在的理由，就有再度成为市场主角的潜力。

在西南某偏僻地区，如今仍生活着一群"原始居民"，几乎与世隔绝。

他们吃的、用的全靠自己的双手加工或种植，甚至连住的房子也没有，随便在树杈上搭一个木屋或竹屋之类的就算是家了。

当地政府为了改善这些居民的生活状况，不仅拨款扶贫，还倡议全社会为之捐款捐物。这些措施虽起到一定作用，但无法从根本上改变当地贫困落后的局面。

新的领导上任后，一改过去的做法，他让当地人保持原来的生活面貌，然后借电视台做广告，大搞旅游开发。不久，很多生活在钢筋水泥中的都市人都来到这里体验"原始人"的生活。当然，随之而来的还有滚滚财源。

生活中，许多旧有的东西我们都可以使其身价倍增。

在法国巴黎，有一名叫布瓦拉那的面包师，他刚满 13 岁就骑着一辆破旧的自行车四处帮父亲卖货、送货、订货。

"二战"期间，由于战火蔓延，面包的主要原料——小麦产量急剧下降，已经难以满足面包制作的需求。为了解决原料不足的问题，法国的面包师们不得不在面粉中加入大量的大麦、马铃薯、荞麦等做代用品，因此面包就变得越来越黑，最后成了黑褐色。

当时的黑面包令人生厌，公众的购买欲越来越低。面包制作业也随之变得萧条。

"二战"结束后，法国经济得到复苏，小麦产量增加了，面包业也逐渐恢复和发展起来。此时，白面包逐渐取代了那种象征苦难的"黑面包"，电烤箱也取代了手工制作。

在整个巴黎城，只剩下一个继续用手工制作黑面包的面包师，那就是布瓦拉那的父亲。

许多朋友不理解老布瓦拉那的做法，纷纷劝他适应市场潮流，改换面粉，再买一台电烤箱，像其他面包师一样做些不费劲的面包，以提高效益。但是老布瓦拉那总是耸耸肩膀，付之一笑，依然我行我素。因此，他被别人称为"痴人"、"呆子"，并被当做一个笑料。但他毫不在乎，执拗地为自己辩解："白面包既无味，又不好看，也缺乏褐色面包的营养价值，对身体无益，我绝不做白面包！"

自此，这种独有的褐色面包便被称为"布瓦拉那面包"。

布瓦拉那对父亲这种执着和自信的性格，十分崇敬和赞叹。因此，当他接班后，便坚定地继承了父亲的风格。

后来，布瓦拉那终于有了自己的面包店。所谓"店"，其实不过是一片门面狭窄、设备简陋、很不起眼的小铺子。他生产的面包，仍然是从父亲遗留下来的那个陈旧的烤炉中烘烤出来的褐色面包。

就像当初所有人劝说他的父亲那样，此时也有人认为布瓦拉那抱残守缺、顽固不化，劝他改进技术。但他却坚持自己的看法："技术的发展和进步固然令人高兴，可是要做面包，尤其是人爱吃的面包，没有任何东西可以替代经过长时间训练出来的一双手。"

他认为，传统的面包，像陈年老酒和奶酪一样，只要精巧的手工制作，一样能制出精美的产品。

随着时间的推移，布瓦拉那的观点得到了事实的证明。

在 20 世纪初，法国每天人均面包消费量为 800 克，但是，渐渐地却有下降的趋势，待"二战"结束时，人均面包消费量下降到 400 克。面对这种情形，许多面包制作商纷纷因效益不佳而另寻出路，唯独布瓦拉那的"天然"面包的销售量却以每年 30% 的增长率递增，而且销量持久不衰。

没过几年，布瓦拉那的面包源源不断地送到四面八方，进入千家万户，越来越受到人们的喜爱，成为法国面包中的佼佼者。布瓦拉那的名字也随着他的面包传遍世界各地，从而赢得了"面包大师"的美名，一举成为世界著名人物。

或许，有人将布瓦拉那的成功归于偶然，纯属运气好，但只要深入、进一步地去了解，你会发现，他的成功是一种必然。就像在哈哈镜中胖子变瘦子、瘦子变胖子一样，市场这个魔术师永远不停地给人们以惊喜。

相对人类不断变化的欲求来说，世间没有什么东西是十全十美、毫无缺陷的，因此，无论是得到新的东西还是失去旧的东西，都会给人带来一定的缺憾，这种缺憾使人们产生两种截然不同的心理，一种是希望得到更新、更好的东西，一种是留恋旧有的、失去的东西。

对于商人而言，无论是创新造出新的产品，还是保持旧有的产品，只要能满足人们的某种心理需求，就会有销售市场。

当然，并不是所有传统的东西都会让人们留恋，只有那些能勾起人们美好回忆的商品才有市场；相反，只会让人们想起无尽痛苦的陈旧物品是无人问津的。商人在做选择时要加以留心。

做冷门的生意

在别人走过的路上你也许会走得很稳，但想要走出新意恐怕是一件无比困难的事。在人迹罕至之外发现商机，另辟蹊径，独树一帜，才能因走冷门而致富。

只有当你付诸行动后，才能得到你意想不到的成效。为了主宰自己的生活，我们就要积极地行动。其实，每个人都具备着充分发挥上帝赋予我们潜能的必要工具、能力和条件。但是，真正想发挥出潜能，就一定要去实实在在地做事情——目标明确且持之以恒地去行动。

20世纪40年代，南洋的一个华裔小伙子产生了养鳄鱼的念头，将鳄鱼保护起来，并使之繁衍，终于靠养鳄鱼发了大财，建立起自己的"鳄鱼王国"。这个出奇制胜的成功者，就是泰国鳄鱼大王——杨海泉。

由于人类的大量捕杀，被称为"亿年活化石"的鳄鱼濒临灭绝的危机，而在杨海泉的"鳄鱼王国"里，有一个世界最大面积的养鳄湖，占地100公顷，畜养着4万多条鳄鱼。这本身就是一笔巨大的财富，杨海泉创造了神奇，也使自己成为一个富有传奇色彩的人。

　　杨海泉祖籍广东潮州，1926 年出生于泰国北榄府海日村，家境贫寒，童年时曾读了 4 年书，但上学时间加起来还不足一年。从 20 岁起，他干过照相馆的佣工、客栈的店小二，当过面铺的伙计。25 岁那年，经友人指引，他筹集了一些小本钱开了一间杂货店，收购土产转卖给商人，但因小本经营，又碰到商业不景气，开张不久就倒闭了。

　　杨海泉并没有怨天尤人，他决心在各竞争行业中发现"单行独市"的生意，出奇制胜，以爆大冷门来闯天下，使自己独占鳌头，立于不败之地。

　　一个偶然的机会，他遇到了一位捕鳄鱼的老朋友，从谈鳄鱼的捕捉，到鳄鱼收购商拒收不达规格的幼鳄问题，唤起了杨海泉对鳄鱼的兴趣和认识。他突发灵感：幼鳄皮不够规格，不能成大器，捕杀十分可惜，何不养大再杀？何况只捕不养，长此下去，早晚会导致鳄鱼的绝迹。

　　说干就干，于是，他向朋友借了一些钱，先行经营收购鳄鱼皮的生意，继而在家里自筑了一个白灰水池，并扮作猎鳄者深入鳄户区，廉价收购幼鳄。因为幼鳄并不值钱，杨海泉的人缘又好，故捕鳄者往往不收分文白送给他。但因他是小本经营，经济拮据，连不多的饲养费也难以支撑。朋友们都不理解他为何要作这一反常投资，纷纷劝阻，亲友们也不屑一顾，有的甚至冷嘲热讽地说："只听人家说养鸡养鸭，养牛养马，从来没听说养鳄鱼。"他母亲也时发怨言："养虎伤人，养鳄积恶"，便要儿子"改邪归正"，干正当生意。这也难怪，因为养鳄是史无前例之事，但杨海泉认定了要走的路，就绝不动摇。

一条没人走的路，毕竟荆棘丛生，不知方向；没有人干过的事业，无路可循，自然充满艰辛与挫折，这就更需要有胆量、有创见。但杨海泉同时也清醒地看到，只有这样，才有大钱赚。

初期由于没有经验，幼鳄死亡率相当高，而且饲养费花销很大，迫使他不得不宰掉一些小鳄鱼，以获取资金。这样边杀边养，经过 3 年的周转，才基本解除经济困境。为了搜寻小鳄资源，杨海泉选定了泰国山区，以及南越、柬埔寨、老挝等地。鳄鱼性猛，而且不好养，对环境的适应力极差，特别是幼鳄，生长机能十分脆弱，对气候尤为敏感，并常因受惊而发生痉挛而致病，严重的还会引起残废和死亡。

为此，杨海泉日夜观察，发现了饲养鳄鱼的规律，解决了这个难题，闯过了第二道难关。随着经济好转，杨海泉着手扩充养殖场，修筑饲坑，增添屠宰设备。过去，泰国的鳄鱼多是狩猎者在捕获现场宰杀的，设备简陋，工序马虎，皮质大受影响。杨海泉决心要创出第一流的鳄皮。功夫不负有心人，经杨海泉的研究及改良，皮质大大提高，用户大为满意，价格也提高许多，"海泉鳄鱼皮"迅速占领市场。凭着这一优越条件，杨海泉自己包揽了出口业，组织经营机构，直接与外国客商往来，由于他善于经营，讲究信用，他的友商贸易行名声越来越大，顺利建立起了鳄鱼养殖业。

仅停留在小规模的野生幼鳄的养殖上，对改善自己的经济状况已足够了，但大凡成功的企业家是不会满足现状的，杨海泉亦是如此。当认识到仅仅停留在收购野生幼鳄加以养殖，无异于"扬汤止沸"，不能拯救野生鳄鱼濒临灭绝的危机，经过一番苦心思索，他决定采取留种、保种的方法，进行人工繁殖。这又是一个具有决定意义的转变。

由于采用人工繁殖，杨海泉的家里已无法饲养愈来愈多的幼鳄。1955 年，他移师富饶美丽、气候宜人的曼谷南郊的渔港北榄。这里适合养鳄，也是他的出生地，可谓天时、地利、人和三者俱佳。他先购地 3200 平方米建立主体养殖池，然后逐步扩充，及至 1996 年已扩至 16000 平方米，并正式建立鳄鱼湖，取名为"北榄鳄鱼湖"，很快就在湖中蓄养了千余条特选的良种鳄，并收集了非泰国产的鳄种 10 大类之多。到 20 世纪 70 年代初，该湖便成为举世瞩目的规模最大的人工养鳄湖，迈进了专业化养鳄之途，杨海泉因此名扬世界。

1971 年 3 月，国际保鳄会议在纽约召开，10 个国家和地区的专家与会，杨海泉作为泰国唯一的代表出席会议，在会上，他自豪地宣布："在我独自经营下的养鳄湖里，就养殖着约 1.5 万条大小鳄鱼。"

1973 年，国际保鳄会议移到曼谷北榄养鳄湖举行，以表彰杨海泉的杰出贡献及宣传他的先进经验。

杨海泉的成功引起各地的关注，很多人千里迢迢去泰国北榄养鳄湖参观学习，杨海泉本人则由一个未读几年书的穷孩子摇身一变，成为国际养鳄专家，成为泰国巨富。

把缺点变成特点

　　如果一个人的生理有缺陷，本来不是一件好事，但如果把众多的具有这种缺陷的人聚集到一起，并巧妙地加以运用，就能把缺点变成特点，在生意场上也能如鱼得水，左右逢源。

　　拥有积极进取性格的人，更能以积极的态度和行为去做事，从而产生出积极的作用来，久而久之，积极的作用就会积小为大，量变的积累致使质变的发生，个人也就更容易走上成功之路了。反之，也应该是这个道理。

　　人的心中必须将阳光照射进去，使之明媚振奋。如果以消极的阴云覆盖于心，不仅难以激发快乐与进取之心，就连自己也会感到自己是一个可怜而又多余的人。

　　一个人拥有进取性格就意味着拥有了良好的思考，并在思考中不断落实和推进自己的人生目标。倘若消极地看待生活，泯灭生活的激情与进取的性格，那么应该是世界上最可悲之人。这种人不仅不可能有所作为，自己贱视自己，而且也会被所有人所贱视。须知，成功之人之所以能成功，就在于有着一颗始终不渝而又十分宝贵的进取性格。

　　在风光秀丽的菲律宾首都马尼拉市，有一家世界唯一的"矮人餐馆"。上至经理，下到厨师、服务员都是身高不过 1.3 米的矮人，最矮的只有 0.67 米。他们以奇特的服务方式吸引着顾客。

　　当顾客来到餐馆时，马上会受到一位大头小身子矮人的热烈欢迎，他们笑容满面地向顾客递上擦脸毛巾。当顾客在舒适的座位上坐定后，又有一位矮人服务员捧着几乎与自己身高相等的精致的大菜谱，请顾客点菜。由于他动作滑稽可笑，顾客们拿着菜谱往往都笑得合不拢嘴。矮人殷勤周到的服务，使人顿增食欲，赞不绝口。

这个餐馆的老板是来自美国的吉姆·特纳，吉姆身高只有 1.1 米，是个名副其实的侏儒。初到马尼拉时，这里餐馆林立，酒店如云，各家竞争十分激烈。他开始经营餐馆时，并没有想到使什么惊人的绝招，只是招了一些年轻的姑娘和小伙子当服务员。没想到，这个做法与别家餐馆没有什么特别，结果顾客越来越少。雄心勃勃的吉姆下决心将餐馆彻底改革。他说："在竞争中，经营者如果没有惊人的绝招，只好和失败为伍了。"

吉姆终日冥思苦想，认为办餐馆第一点就是要使顾客惊奇。找什么样的服务员好呢？一天他在大街上行走，忽然有个大头颅、小身子的矮人映入眼帘。这矮人看上去最多只有 1 米高，相貌十分有趣，这样的人平常很难碰上。对呀！如果这样的矮人当上餐馆服务员，顾客准会感兴趣。吉姆·特纳灵机一动，一套完整的计划在脑中形成了。他把这个人拉住，问道："你叫什么名字？""比鲁。""你愿意帮我开餐馆吗？我可以让你当经理。""愿意，先生。"

比鲁答应得很干脆。第二天，比鲁帮吉姆·特纳在报上登了一个招聘矮人的广告，待遇优厚。没过几天就形成了一支以比鲁为首的"矮人队伍"。这些矮人有的当厨师，有的当会计，有的当服务员。"矮人餐馆"让顾客在好奇中感到温暖、舒适，在愉悦中享受一顿美餐。这种世界上独一无二的餐馆大大震动了同行业者。没过多久它的奇妙之处就闻名遐迩了，各国旅客竞相而来，为的是度过一个愉快的时刻，其他餐馆只好甘拜下风。

身材矮小自然是人的短处，但是吉姆·特纳却采用了"逆传统"的做法，出奇制胜，聚矮成"高"，取得了巨大的成功。由此可见，只要巧妙地利用人的缺点和不足，化短为长，变弊为利，弱点和不足也可以帮助你获得成功。

换一个角度找"钱"途

当人们有某种需要时，不同的人会有不同的表达方式。心直口快者会直接说出自己的意思，而性情乖巧的人则会委婉地表达。而且，与直接说出的意思比起来，它反而更有效。

生活中有不少人会整日为一些鸡毛蒜皮的小事，为别人的几句闲言碎语，或为自己的不幸而长吁短叹、忧心忡忡……人生在世，总难免会遭遇不愉快，难免会遭遇挫折或不幸，如果一味沉湎于痛苦，总是哭丧着脸度过日子，生活无疑会凄凉、痛苦、无奈的多。但如果能豁达一点、洒脱一点，学会换个角度，即学会从理性的方面想一想，便可让自己本来灰暗的心境变得亮堂起来。

世界上的事情总有明暗两面，我们感觉到的究竟是明还是暗，是欢乐还是痛苦，从本质上说，并不完全取决于处境，而主要取决于性格，取决于能否从光明的角度看问题。同一件事情，从这方面看是灾难，换一个角度看未尝不是一种值得高兴的幸运。

做生意也是一样，马幼斌通过"借力"的方式，用旅客的手为自己植树造林，绿化了度假村，而且还让旅客乐在其中，他的点子让人叫绝。

在浙江东部有一个风光旖旎的小岛，名叫鹿儿岛。因气候温和、鸟语花香，吸引了大批来自各地的观光游客。有一位名叫马幼斌的温州商人，看中了这块宝地，便在这里选取了一块光秃秃的山坡，修建了一座豪华气派的鹿儿岛度假村。但由于度假村地处秃坡，一些投宿的观光客总觉得有些扫兴，建议马幼斌尽快绿化此坡，改善度假村的环境，马幼斌觉得这个建议好是好，但度假村里人手少，资金又不足，要栽树不知栽到哪年哪月才能栽完。不过马幼斌毕竟是个温州人，天生就是块做生意的料，他脑子一转，立即想出了一个高招。时值植树节，他迅速在各大媒体打出一则这样的广告：

各位亲爱的游客：你想在鹿儿岛留下永久的纪念吗？那么，请到鹿儿岛度假村的山坡上栽上一棵纪念树吧，以纪念你的新婚或旅行！

这一招果真管用，很快就得到了观光客的热烈回应，那些常年生活在大都市的城里人，在废气和噪声中生活久了，十分渴望到大自然中去呼吸一下新鲜空气，休息休息，如果能亲手栽上一棵树，留下"到此一游"的永恒纪念，那是很有意义的，于是各地游客都纷纷来鹿儿岛度假村的山坡上栽树。

一时间，鹿儿岛度假村变得游客盈门，热闹非凡，当然，马幼斌并没有忘记替栽树的游客准备一些花草、树苗、铲子和浇灌的工具，以及一些为栽树者留名的木牌。并规定：游客每栽一棵树，鹿儿岛度假村收取10元的工本费。并在木牌上写上大名，以示纪念。这是很有吸引力的赚钱高招，到此一游的人谁不想留个纪念？因此，一年下来，鹿儿岛度假村除食宿费收入外，还收取了栽树费百万元，几年以后，随着幼树成材，荒秃的山坡绿化了，马幼斌也因此发了大财。

有纪念意义的东西总是弥足珍贵的，所以谁都愿意留下一些东西作为纪念。马幼斌其实就是抓住了人们这样的心理，巧妙地借助了游人的力量，从而实现了自己想要做的事情。

这里面包含的最重要一点，就是换一种思维、换一种方式去解决问题，如果马幼斌说栽树是为了避免难看而绿化他的山坡，恐怕不会有谁会去种树，正是如此"迂回"的战术，马幼斌的点子才获成功。

其实，人之所以不如意、不顺畅、不快活，既源于外在的社会环境，又来自内在的个人心理。人生经历的每一件事，都是一种切身体验，一种心理感受。但是，当外来的因素使个人的境遇有所改变，甚至无法通过自己的力量改变个人的生存状态时，只有运用自己的精神力量，让个人的心理感受，调适到最佳状态，而这种精神力量正是来源于豁达的性格。

为此，我们看问题时没必要钻牛角尖，自己跟自己过不去，如果我们尝试着去换个角度，事情可能就会完全改观。在实际中，如果我们能常怀豁达乐观的性格，随时换换看问题的姿势和角度，那么你会发现生活中的阳光是那样地充足与灿烂。

第二章

目光长远者

——抓住机遇赚到钱

不谋全局者，不足以谋一域；不谋长久者，不足以谋一时。在市场瞬息万变的今天，不会有永远的热门，也没有真正的冷门。谁眼光长远，谁就获利丰厚。那些只注重眼前小利的商人，最终会在竞争中被淘汰。如果你想在商海中站住脚，如果你想把自己的生意做大，那么请拿起你的望远镜，往前方看。

以合求大，方能求到大

广东惠州 TCL 集团是集通信、电子、地产贸易等多种业务于一体，以通信和电子为主的大型企业集团。TCL 王牌彩电使早先的 TCL 集团一飞冲天，探究其奥秘，该公司采取的策略联盟手段是其中的一个关键因素。

策略联盟是一种正在世界范围内成为潮流的企业经营管理手段，它是指几家拥有不同关键资源的公司进行联盟，交换彼此的资源以创造竞争优势。

早在 TCL 公司发展之初，公司决策者就制订出"品牌优先"的战略，后来的事实证明，这是一个极富远见的决策，甚至可以毫不夸张地说，品牌奠定了 TCL 集团日后大发展的基础，也直接催生了 TCL 王牌彩电。

在掌握了品牌这样的关键性资源后，TCL 选择了相对稳健的策略联盟，其联盟的伙伴就是香港长城公司。

设在惠州的香港长城公司是一个彩电生产基地，成立于 1990 年，没有内销指标，只是按境外来料加工的订单进行生产，到 1993 年其生产能力已达到年产 80 万台。由于没有品牌，在销售上陷入了被动局面。1993 年，当国内彩电生产进入超饱和状态时，长城公司的订单已少到难以维持的程度。长城公司和 TCL 公司的合作对于双方都十分必要。在 1993 年，两家公司与陕西咸阳彩虹集团共同成立了"惠州彩虹电子有限公司"，由 TCL 长城和咸阳彩虹集团三家合资，各占相同的股权。之所以邀请彩虹集团加入，是因为咸阳彩虹的优势就是有一张彩电生产许可证。因为无论是 TCL 还是香港长城，都没有内销的资格，咸阳彩虹的加入使这一策略联盟更为典型。三家各展所长，共同获利。

TCL 人在完成策略联盟后便开始开拓市场，他们勇敢地预测大屏幕彩电将是中国下一代彩电竞争的焦点，他们在分析了国内外彩电厂商在中国市场上的竞争态势后认为，对于包括 TCL 在内的中国彩电厂商来说，大家一起做大屏幕，就等于都站在同一条起跑线上了。

当时具有这种超前意识的不止 TCL，许多彩电生产商都开始进行大屏幕彩电的开发工作。一家著名企业很快就完成了大屏幕彩电基本功能的开发工作，却迟迟没能批量投产，他们想要做到更好，但过分精致有时候也会丧失市场商机。

"而当时我们的目标是，功能再简单也要把大屏幕彩电做出来，"TCL 老总说，"要全制式干什么？要丽音干什么？我们把能够减掉的功能尽量减掉，价格降下来，消费者就能接受，满足他们的要求是一步步来的。"在这一原则下，TCL 王牌在 1993 年上半年就开始推出功能简单的"TCL 王牌"大屏幕彩电，29 寸彩电的市场价格在 6000 元左右，到年底已经售出 10 多万台。

这一年，TCL王牌总产量的70%都是大屏幕彩电，一开始就明确了以大屏幕彩电为主的经营方向。

与香港长城的合作中，TCL除对产品品质的关键环节有所监控外，一心致力于"TCL王牌"的品牌推广和市场销售，而生产环节基本上是由富于生产管理经验的香港长城公司负责。这种分工极有利于双方在联盟中各自发挥优势。

当竞争加剧，企业为增强自身的竞争力，大都会有如此的强强联手，他们通过策略联盟形成竞争对手难以企及的实力，从而赢得市场先机，如索尼、爱立信的合并，惠普、康柏的并购，美国在线并购时代华纳等。这样的策略还能在很大的程度上弥补企业原有的劣势，有效整合各方资源，对于企业的发展有着极其重要的作用。

抢先一步发现新生事物的商业价值

新生事物出现之初都是冷点，但能看到冷点变热的前景，就能抢先占领一块新的市场。"新"、"奇"容易成为人们的兴奋点，因此也往往被有头脑的人作为获取财富的切入口。

一个人的命运如何，决不是先天注定、决不是上帝主宰。那种抱着宿命论的认识看待命运的人，只会在消极的意识中埋没自己，拖垮自我。

须知任何时候自身的命运都由自己的性格主宰，其最好而又最有效的方法就是奋斗。

如果能做到既"新"、"奇"，又确实更进步、更高明，对于商家，无疑是拥有了一个最"时髦"的赚钱机器。

自动售货机前途光明！

古川久好看到这条消息就开始动起了脑筋。他认为，现在日本还没有一家公司经营自动售货机，而将来日本必然会进入自动售货的时代。对他自己来说，这种没有什么本钱的生意是再合适不过的了。要发财，就应该抓住这个机会。

有了这个想法，他就立即行动起来，向亲戚朋友筹款借钱购买自动售货机。经过一番努力，他筹集到了 30 万日元。

对一个小职员来说，30 万日元不是一个小数目。他用这笔来之不易的"巨款"买下了 20 台自动售货机。他把这 20 台自售货机安放在酒吧、影剧院、车站、码头等人流比较多的地方，里面放上一些日用商品，如酒水、饮料、流行杂志等。

他的事业就这样开始了！

新鲜的东西一般都会引起人们的注意。大家第一次看到公共场所的自动售货机，一种试一试的心情便油然而生，纷纷往售货机里投放硬币，取出自己需要或不需要的物品。一般的情况是一个自动售货机里只放一种商品，顾客可以从不同的售货机买到自己需要的物品，非常方便。

只一个月的时间，古川久好就足足挣了一百多万日元。他马不停蹄，用这一百多万日元又购买了更多的自动售货机，扩大经营规模。5 个月的时间，他还清了各种借款的本金和利息，净赚近两千万日元。

新生事物因为其新，所以才吸引众多消费者跃跃欲试，要先试之而后快，每个人就这样抱着猎奇的心态去使用自动售货机，结果可想而知，自然是越来越多的人去尝试，一试而不可收拾，商家的财源滚滚而来。这就是新事物的魅力。

新事物的潜在价值，还在于善于发掘利用。再好的赚钱机器，如果不能发动，使其运转起来，它的价值最多也只是供人观赏而已。

李晓华第一次到广州进货，正值 T 恤衫、变色眼镜走俏，虽然利润丰厚，但他并未为之所动。他来到广州商品交易会陈列馆，站在一台美国进口的冷饮机面前凝视了许久，然后问道："小姐，冷饮机怎么卖？"服务员说："没有货。"

李晓华灵机一动，找到了经理，先与他交朋友，请他吃了顿饭，又送了几条名牌香烟，这才把冷饮机买下。当他把冷饮机运回北京时，几乎囊空如洗了。

没有多久，就进入夏天了。他把这台新鲜玩意儿运到北戴河海滨。他向当地人介绍说："这是新玩意，在中国是第一台。如果你们同意，你们出场地、人员，负责办营业执照，我出设备，赚钱各拿一半。"

于是这个临时的冷饮"合资公司"开张了。来避暑的人们，游完泳了、玩累了或在太阳光底下走乏了，看到这个清爽冰凉的大玻璃罐，都被吸引住了，冒汗排起了长队。5 角钱的饮料一杯接一杯，那种清凉甘甜劲儿直沁心脾。这成了北戴河海滩浴场的一大景观。

那是一个难忘的夏天。已届而立之年的李晓华实实在在地尝到了成功的滋味。更重要的是，他对自己的商业敏感和决策能力充满了信心。

那个夏天他净赚了十几万元。

商人经商，取得财富，离不开其自身的商业嗅觉和经营头脑，但是总要有能够实现其经营目的的实体，也就是说商人的智慧具体依靠什么来得以体现。有人讲"善假于物"，而有时"物"要比"善假"重要。众人之盲成就你目光之清明，而你目光清明则显示你经营智慧之高超。所以，你将目光落在蕴含无限商机的"物"上，实在是经商的要诀之一。新事物、新发明正因为有市场需求才会被发明出来，他们就成了"善假者"成功的落点。

每个人都是一座金矿，每个人都有无比巨大的潜能，而挖掘者就是自己。

每个人性格中其实都有优点和缺点。如果整天抓着自己的弱点不放，那么你将会越来越弱。我们应该学会强调自己的优势，如此，你将会越来越自信和成功。

很多人把自己性格上的弱点当成自己不能成功的借口，拒绝跳出自己编制的网，也就永远走不出失败的沼泽。要知道：我们每个人都能成功，都能快乐和幸福，但是我们必须学会突出自己的优势，学会将普遍意义上的缺点变成优点，加上自己的努力和智慧，成功就在眼前。

会分享才能吃更多

与他人共享资源，让更为擅长的人去坐重要的位置，让能人得到他应该得到的东西，并不会让自己失去什么。

20世纪90年代中期，美国华裔杨致远和斯坦福大学研究生院同学戴维·费洛共同创办了yahoo公司。

"yahoo"一词出自英国文学家斯威夫特的小说《格列佛游记》，是一种人形兽，常喻为粗汉或野蛮人。杨致远和费洛称他们本身就是yahoo，他们的电脑和工作站就是以夏威夷古代传说中的力士命名的。

使用Internet的人们都知道，yahoo的功能是将Internet网络上的信息进行分类编组，形成系列索引，便于人们查找，另外还有电子邮件地址搜索目录，覆盖面很广，令人们在使用Internet时非常得心应手。除此之外，yahoo还推出"yahoo软件"，对象是8岁~13岁的儿童。美国硅谷地区的"圣荷西水星报"将yahoo软件比喻为18世纪瑞典博物学家林奈，因为他的植物分类学使自然界变得井井有条。而yahoo软件也使纷繁的信息网络世界变得有条有理。

杨致远知道，一家公司的成功，必须充分重视技术、资金和管理科学应用。他是如何募集充足的资金，组成有卓越经营能力的管理团队，如何快速使yahoo的价值能被社会大众接受的呢？杨致远的秘诀是——共享。

他不仅舍得将公司的股票与他人共享，而且把公司的重要经营管理职位拱手让人，使自己专注于技术的创新和开发。yahoo公司的董事长、总经理和3位副经理都是由外界的专家担任的，这些专业人士分别在经营管理、市场开拓、财务调度、产品开发等方面有着丰富的经验；公司的董事更是由传播界、出版界、电讯网络界、金融界和财经界的佼佼者出任。

也正因为有这样卓越的经营管理人才，公司才能在短短一年的时间内，以特别股的方式一次次募集到所需的资金，并且募集的条件一次比一次优厚：第一次以每股两角募集到约100万元，第二次以每股1.95元募集到500万元，第三次则以每股12.5元募集到6375万元，而第四次则以每股13元将260万股票公开上市自由买卖。该公司在股票上市前总计募得7000多万元，加上公开上市的3000万元，共拥有1亿美元的资金，足够公司未来3年的发展及业务开拓了。

为什么yahoo这样的小公司能吸引到这么多优秀的人才呢？杨致远运用的办法是以极优惠的价格使这些人拥有公司的特别股。如该公司的总经理年薪不过10万，但却有权用每股2分的价格买公司股票110万股；又如一位董事不拿薪，却有权以每股1元买11万股，当然同时公司又规定，这些特别股买进后4年才能自由买卖，以防止董事们在股票上市后即抛售，促使他们首先把yahoo公司的长期发展放在首位。

yahoo运用这个办法将公司的命运与个人的利益巧妙地结合起来，并使公司迅速与世界级的公司结成合作伙伴，互相投资，交叉持股，形成策略联盟。

作为创始人，杨致远还是很开放的，他舍得把最有价值的东西与他人共享，这一点实在难能可贵。与此形成鲜明对比的是中国历史上的项羽，他奖赏自己的将领就很小气，有时候印玺都刻好了，还要在手里把玩，迟迟不愿给他人，这直接导致了他的败亡。

预测经济前景，果断投资未来

投资未来要依赖于对未来经济形势的判断；而判断的依据仍然是经济形势。由现在而正确地预测未来，是一个有远大目标的商人所必须具有的素质，唯其如此，才能在今天赚明天的钱。

自信的性格对于立志成功者具有重要意义。有人说：成功的欲望是创造和拥有财富的源泉。人一旦拥有了这一欲望并经由自我暗示和潜意识的激发后形成一种信心，这种信心便会转化为一种"积极的感情"。它能够激发潜意识释放出无穷的热情、精力和智慧，进而帮助其获得巨大的成就。

信念和勇气的力量是如此奇妙，以致有的人活了一辈子却从未有过坚定的信念和巨大的勇气，但有的人却能从体内爆发出惊人的力量，而他们做梦也没想过自己的内心深处竟然蕴藏着如此巨大的力量。

懦弱的性格是一个人的大敌，你的人生不应该懦弱。相反，你应该具备挑战未来的勇气和能力，一个人如果懦弱，那么他应该有所改变，必须培养和树立坚定的信心，才有可能勇敢地去做自己想做的事，否则会畏首畏尾，慑慑缩缩，永远走不出黑暗。不论遇到什么问题，哪怕是面临失败，我们都不应该灰心丧气，要勇敢地正视它，以积极的态度寻找解决的办法。一旦问题解决了，我们的自信心也会为之大增，才能具备挑战未来的勇气。

自我暗示有助于你向懦弱宣战。当你察觉到自己性格中有懦弱的一面时，当你因为懦弱而误了很多大事时，你就应该不断地对自己说："我要像藏獒一样勇往直前，我比任何人都勇敢，没有任何人可以击败我。"经常反复地跟自己这样说，就等于你在不断地把健康有益的观念输入自己的潜意识，时间长了，这些健康有益的观念就会改变你的人生态度，使你变得像藏獒一样勇往直前，具备了挑战未来的勇气。

商界女杰吕有珍担任运通公司总经理不久，就抓住了一个大机遇。当时她经过周密调查发现，随着经济的发展，广州的开发已趋于饱和，扩展广州势在必行。而当时的投资热点在广州南面的珠江三角洲，无论是资金还是技术上，房地产商都挤在那里竞争，但广州城北的小县城——花县却无人问津，冷冷清清。

吕有珍经过冷静思考后认为，将来广州扩展的理想区域必在广州北面，也就是花县，这个不起眼的小县城不久将成为大热点，这是一个大机遇，不可失之交臂。

但在董事会上，大多数董事不相信有这么好的机会，几乎都持反对意见，不赞成在花县购地置产。经过力争，吕有珍拍板定夺："购买花县 1200 亩土地。"之后的两年是吕有珍备受煎熬的两年，因为她承受着巨大的压力，大笔资本压在 1200 亩土地上，如果迟迟没有动静怎么办？然而在 1994 年，花县改为花都市，国家决定在花都市建设中国最大的广州国际机场，建立京广铁路客运大站，建设花都港，修建南方最大的商贸市场。政策一公布，花县地价猛涨数倍，运通公司全体员工一片欢腾，吕有珍也大大松了一口气，露出了难得一见的笑容。

的确，就是在这"冷"与"热"的交叉对比中，吕有珍用自己敏锐的目光准确地抓住了躲藏起来的幸运之神，迅速地建立了自己的基业，开创了自己人生的又一个辉煌，也向众多怀疑动摇者证明了自己的实力。

企业经营者除了抓好企业工作，根据市场的变化随时决定自己生产的方向，研究、预测市场的变化之外，还要去研究那些与市场变化有关的国家法令、政策的变化，研究这些变化给市场带来的影响，从中发现机遇，并做出正确的决策。

世界旅馆大王、美国巨富威尔逊也是这样一位善于分析社会发展机遇、并从中找到冷点、利用冷点开辟的财富第二落点的高手。在威尔逊创业初期，他的全部家当只有一台分期付款"赊"来的爆玉米花机，价值 50 美元。

第二次世界大战刚刚结束时，威尔逊做生意赚了点钱，便决定从事地皮生意。当时干这一行的人并不多，因为战后人们都比较穷，买地皮修房子、建商店、盖厂房的人很少，地皮的价格一直很低。听说威尔逊要干这种不赚钱的买卖，亲朋好友都反对。

但威尔逊却坚持己见，他认为这些人的目光太短浅。虽然连年的战争使美国的经济很不景气，但美国是战胜国，它的经济很快会起飞的。到时候买地皮的人一定会很多，地皮的价格一定会日益上涨，赚钱是不会有问题的。

威尔逊用手头的全部资金再加一部分贷款买下了市郊一块很大的但却是没人要的地皮。这块地由于地势低洼，既不适宜耕种，也不适宜盖房子，所以一直无人问津，可是威尔逊亲自到那里看了两次以后，竟以低价买下了这块杂草丛生、一片荒凉之地。

这一次，连很少过问生意的母亲和妻子都出面干涉。可是威尔逊认为，美国经济很快就会繁荣起来，城市人口会越来越多，市区也将会不断扩大，他买下的这块地皮一定会成为黄金宝地。

事实正如威尔逊所料，3年之后，城市人口骤增，市区迅速发展，马路一直修到了威尔逊那块地的边上。这时，大多数人们才突然发现，该地的风景实在宜人，宽阔的密西西比河从它旁边蜿蜒而过，大河两岸杨柳成荫，是人们消夏避暑的好地方。于是，这块地皮马上身价倍增，许多商人都争相高价购买，但威尔逊并不急于出手，真叫人捉摸不透。

后来，威尔逊自己在这块地皮上盖起了一座汽车旅馆，命名为"假日旅馆"。假日旅馆由于地理位置好，舒适方便，开业后游客盈门，生意非常兴隆。从那以后，威尔逊的假日旅馆便像雨后春笋般出现在美国及世界其他地方。

对社会发展形势的分析预测有助于人们做出正确的投资决策。上文中吕有珍和威尔逊正是出于对未来社会经济形势的准确判断，为他们聚集了不尽的财富。货币追逐商品，当有限的货币追逐一种商品时，那么这个商品是冷点；当众多的货币追逐一种商品时，这件商品就是热点。你可以根据追逐商品货币的多少来判断该商品是属于冷点还是属于热点。但是判断与事情的发展不可能是同步的，即使做到了同步，当你采取行动时，也为时已晚了。

所以，最好的办法就是对形势发展做出既准确又超前的预测，果断地投资未来。

无论你的一生是平淡还是辉煌，无论你是长成大树还是小草，无论你是杰出还是平庸，这一切都取决于你的性格，取决于你的勇气。你应该相信自己的潜在优势，增强自信心，消除懦弱性格。胆小的人，他们真正的敌人是自己。一个具有进取性格的人，必须具备英勇无畏的品格和超人的创造力。在人类历史上，只有那些相信自己、英勇无畏而又富有创造力的人，才能成就伟大的事业。

在时局的变化中找冷点

如果一个商人能在瞬息万变的政局变动中找到不为人知的或者说很少有人敢做的行业冷点，那么利用这些机会驰骋商场掘取人生财富就会变得唾手可得了。

没有困难的人生是不存在的，没有困难的人生也绝不会精彩的。纵览古今，大凡成功的人几乎都是在砥砺和克服重重困难之中而闪耀光环的。须知，困难可以将你击垮，也可以使你坚定振作，这完全取决于你如何看待和处理它。

在日常生活中，我们常常听到有人叹息自己天生笨拙，成不了大器。其实，这种叹息恰恰是性格消极、缺少自信的体现。

近代商圣胡雪岩有句名言："做生意要将眼光放远，生意做得越大，目光就要放得越远。因此做大生意，一定要看大局，你的眼光看得到一省，就能做下一省的生意；看得到一国，就能做下一国的生意；看得到国外，就能做下国外的生意；看得到天下，就能做天下的生意。"

在"冷点"上发财，一要靠眼光，二要有勇气，其前提是统观全局，只有放眼长远的胆识气魄，一旦把握住因"冷"而少的机遇，想不发财都难。

1912 年，以难民身份进入希腊国土的奥纳西斯双手空空，身无分文，工作找不到，栖身之处亦无着落。

趁着在一条旧货船上打工的时机，当船停泊在阿根廷首都港口的时候，奥纳西斯开溜了，从此开始了他艰难的创业生涯。

在阿根廷，奥纳西斯在一家电话公司当了一名焊工，他每天工作16 个小时以上，还经常通宵达旦地加班。在穷困中长大的他舍不得多花一分钱，天长日久他便积累了一笔资金。

随后，他开始从事烟草生意并获利甚丰，当人们都以为他要在这一领域做一番事业时，奥纳西斯却有另一番想法。他认为，要做一个真正的企业家，必须掌握一个诀窍——到其他人认为一无所获的地方去赚钱。

当他悄悄站稳脚跟欲再度发展时，震撼世界的经济危机袭来了。在充满恐慌的灾难之中，奥纳西斯以他过人的勇气和眼光，把他的财力投之于在危机中被普遍认为最不景气的行当：海上运输。

当时的世界背景是：贸易瘫痪，海运濒临死亡。1931 年的海运量仅是 1928 年的 1/3 左右。

当加拿大国有铁路公司被迫出售时，奥纳西斯了解到该公司有 6 艘货船出售，这些船在 10 年前的价钱是每艘 200 万美元，而现在只卖 2 万美元。奥纳西斯急匆匆赶到加拿大，买下了这 6 艘船。这种孤注一掷的投资令人惊异，而他却深信这么干值得，一旦时势变化，投资的钱会赚回来，利润会滚滚而来。

果然，第二次世界大战爆发了，战争形势要求运输业复苏并有所发展；一项明智而果断的投资见效了。6 艘货船顿时成为活动的金矿，奥纳西斯骤然变成一个拥有"制海权"的希腊航运巨头。别人不干的，他干了；别人赚不到的钱，他赚了，而且赚了个够。奥纳西斯除了有钱有势，还向多方位发展，成为世界上举足轻重的人物。

第二次世界大战后，当别人又对海运业忧心忡忡、举棋不定时，奥纳西斯又以他的明智和魄力投资于油轮，其速度十分惊人：第二次世界大战前，他的油轮总吨位是 1 万吨，而到 1975 年时，他已拥有 45 艘油轮，其中 15 艘是 20 万吨以上的超级油轮！

就是这个当年的穷小子、日薪只有 23 美分的奥纳西斯，如今成了世界上最大的豪富之一。除了上面那些轮船、油轮，他还拥有 8 家造船厂、100 多家公司、航空公司以及众多地产、矿山，他的财产总额达数十亿美元之巨。

预料时局，抓住冷点，不是每个人都能做到的，当别人都以为赚钱的途径已被发掘得差不多了的时候，只要你善于利用、寻找各种冷门，成功就不仅仅是梦想中的事了。

奥西纳斯能够在船业萧条的时候，预测到时局变化会给船运业带来巨大的机遇，果断出击，所以他成功了。

在商海中，"逆流而上"的前提是要判断出别人走错了方向，那样才能趁无人竞争的机会白白捡到大便宜。出奇制胜往往是不随大流的结果。

大胆决策并不等于蛮干。对于成功的企业家来说，选择冷点的前提是明了胜算的大小，也就是说对未来环境及局势的变动有大把握。在选择冷点时必然会有一定风险，一旦选择，若是冷点长期热不起来，岂不是要把裤子也输掉？好在成功者的判断是正确的，是极有预见性的。

把冷货储存起来，到热时再卖

当人们看到某商品处于热卖中时，蜂拥而至，结果竞价而销，获利极少，甚至赔本；而当某商品低价销售很长时间，价格即将反弹之时，却依然蒙在鼓里，没有清醒认识到商机的到来，于是又与财富擦肩而过。

我们无时无刻不在向人们展现我们的信心，无时无刻都在表现我们的希望与担忧。我们的名望以及他人对我们的评价，将会与我们的成功息息相关。假如他人不相信我们，假如他人因为我们经常表现出缺乏自信、消极软弱而认为我们无能和胆小，那么，我们将不可能得到他人的信任与支持并因此而获得成就。

假如我们养成了一种坚定自信的性格，那么人们就会认为，我们将会比那些缺乏自信或那些给人以软弱无能、自卑胆怯印象的人更有可能赢得成功。

自信为什么能够让一个平凡的人走向辉煌？自信为什么能够成就傲人的伟业呢？

除了极特殊的情况外，如国家限价等，商品价格的变动幅度和周期都是很有规律的，只要你保持头脑冷静，进行逆向思维，就能准确把握价格变动规律，就可以从冷清的市场行情中找到即将热起来的卖点。

囤积居奇往往是商人牟取暴利的常用手段。这种手段的指导"理论"就是低价囤冷货，待时机已到便高价出售，以赚取两者之间巨大的差价。

美国但维尔地方的百货巨子约翰·甘布士是善于分析的高手。他的发家史，是在别人都认为做生意的黄金时节已经过去的时候，迅速地完成了原始的积累。

有一次，但维尔地区的经济形势很不景气，不少工厂和商店都纷纷倒闭，他们贱价地抛售自己堆积如山的存货，价钱低贱得一元美金可买到 100 双袜子！

那时候，甘布士还是个织造厂的小技师，见到货物如此便宜，他马上把自己历年的积蓄拿来收购货物。别人看了他这股傻劲，都公然嘲笑他是个蠢得不能再蠢的蠢材。

甘布士对这些嘲笑不加理会，而是专心致志地"疯狂"收购各种货物，家里堆不下了，他就租了一个很大的仓库来贮货。他的妻子很是担心，因为他们的积蓄是要准备用作子女的教育费。因此，她劝甘布士别把别人不要的东西当宝，假如血本无归的话，这些没人要的东西又不能当饭吃。

甘布士笑着安慰妻子说，3个月以后，这些东西会赚很大一笔钱。他的话似乎很灵，那些工厂因贱价销售也找不到像甘布士这样的傻瓜买主，便把所有的存货用车运去烧掉，想借此稳定市场物价。见此，妻子心中更是着急，抱怨甘布士把钱扔到水里去了。

机遇就是这样，常常掩藏在一片绝望中。没过多久，奇迹便出现了，由于货物焚烧过多，开始出现紧缺，物价因此直线上升，约翰·甘布士也开始抛售自己的货物，大大地赚了一笔，但仍然止不住物价的飞涨。

这时，妻子又劝他暂时不要忙着出货，因为价钱还在一天天地飞涨呢。但甘布士不为所动，依然坚持地将货物全部卖出去了。因为，他看到，许多商家都在拼命地组织货源，想趁机大赚一笔，如果不赶快抽身而退，汹涌而来的货物便会重新将飞涨的物价打压回去的，那时候再退，就来不及了。

果然，没过几天，物价便掉头向下。妻子不得不佩服甘布士的远见。后来，甘布士用这笔赚来的钱，开设了5家百货商店，成了举足轻重的商业巨子。由此我们可以知道，挖掘机遇，要有善于逆向思维的头脑。甘布士为什么能将不是机会的机遇转化，变成腰包里鼓鼓胀胀银子的富翁？是因为他看到了：当别人都在大肆抛售达到极致的时候，货物短缺，物价必然上扬。

市场是永远处于变化之中的，一时的萧条并不代表以后市场的走向。这时如果你能保持理性的思维，做到合理进退，就能创造一个财富神话。甘布士在别人都在抛售货物的时候，他却将这些货物当黄金一样揽入怀中，等到了货物紧俏、供不应求时，那些当废物一样买回的商品，立马身价倍增，让甘布士日进斗金。

从"冷门"中爆出"热点"，是商家从"萧条"走向"繁荣"的途径。正确判断"冷""热"转化的时间、价值落差等因素，是获取财富的必要前提准备。

香港商人陈玉书也有一次通过打时间差、找冷点获得成功的经历。

1979 年，中国改革开放的春风吹遍了大江南北，有眼光的港台商人纷纷进入大陆市场发展业务，陈玉书也来到北京，经过一番考察，他决定经销具有民族特色的景泰蓝产品。他第一批购进了价值 5 万港元的货，运回香港后，很快便销售一空，1980 年，他又订购了 5 万港元的货，同样很快就卖光，以后，他又多次订货，每次都是数十万元；这样，他就成为香港较大的景泰蓝经销商了。

可是，到 20 世纪 80 年代初，因为全球性经济衰退，香港市场对景泰蓝的需求量减少、陈玉书订的货比较多，一时难以售出，形成积压，他又一次陷入困境之中，他苦苦思索着，如何摆脱这个困境呢？

就在其他商人纷纷收缩业务、抛售存货的时候，他却来个反其道而行之，一连开了好几家新店，在电视、报纸上大肆宣传。对他来说，这简直是一场赌博，他把大部分销售收入都押上去了。

陈玉书也认识到，由于传统的景泰蓝产品花色品种不多，功能只限于观赏，已满足不了顾客的需要，进行产品改革是当务之急。为此，他频繁地往来于北京与香港之间，把世界最新的流行趋向通报给生产厂家，并指导工人制作。

他的努力获得了回报，在景泰蓝市场不景气的情况下，他的"繁荣"公司销售量不但没有下降，相反还逐年增加。

1982年，陈玉书又做出一个惊人之举：由于世界经济持续衰退，北京工艺品公司积压了价值1000多万元人民币的景泰蓝产品，急于清仓处理，但在市场疲软的情况下，港商谁也不敢图这个便宜；陈玉书却独具慧眼，看好这个机会，他认为，景泰蓝是中国传统文化的结晶，世界经济不景气也不会长期继续下去：一旦经济回升，人们对艺术品的需求就会增加，景泰蓝还会成为市场上的抢手货。他想，若买下这批货，就等于拥有世界上最大、花色品种最多的景泰蓝库存。权衡利弊后，他决定订下这批货。

以他当时的财力，根本就拿不出这笔钱，唯一的办法只有向银行借贷，而银行家们都不傻，他们知道景泰蓝行业不景气，担心贷款放出去收不回来。陈玉书跑了许多家银行，只有少数几家同意贷款，但提出的条件极为苛刻。他咬了咬牙，接受了对方的条件，将全部的家产抵押出去，这才凑足了所需货款。

货运到香港，他理所当然地打出"景泰蓝大王"的金字招牌，号称"品种齐全，数量最多"。但同行都在暗中窃笑：看他怎么抛掉这个大包袱！陈玉书的心其实也悬着，他外表装得坦然，心里却七上八下——现在他是负债经营，每拖一天，贷款的利息就增加一分。

这时，幸运降临了：新加坡准备举办中国景泰蓝展览。得到这个消息后，陈玉书心花怒放，他立即带着所有的样品赶赴新加坡参加展览会。展览会一开幕，参观订货的人就络绎不绝。这次机会，扫清了陈玉书登上"景泰蓝大王"宝座的一切障碍，他的公司营业额顿时扩大了10倍，在香港同行中，已经没有人能与之匹敌了。他的公司营业额占了香港景泰蓝市场的50%以上。

陈玉书从实际经营中认识到，景泰蓝产品必须跟上时代的潮流，朝"实用化、日用化"方向发展，不断推陈出新，才能保持其在市场上长盛不衰。他组织北京生产厂家的技术人员成功地研制了脱胎景泰蓝。它制作简便，成本低，可以制作壁挂、台灯等日用装饰品。他还亲自设计了景泰蓝手表、景泰蓝钢笔、景泰蓝打火机等各种日用品。这些新产品刚一问世，大批订货单雪片般地飞来。他销售的景泰蓝产品不仅畅销东南亚，还打入了欧美市场，随着市场的不断开辟，陈玉书"景泰蓝大王"的地位也越来越稳固。

小富即安，不思进取，是成大事者的思想劲敌。不安于现状是成就大事业的人的普遍特征。有些人形而上学地理解不安于现状，认为只要忙忙碌碌，不停地寻找获得财富的机会，甚至于跟在热点后面苦苦追赶就是不安于现状，就具备了成就大事的素质。要是这样，那就大错特错了，因为这无异于缘木求鱼。只具备了做大事的雄心是不够的，还要有智慧的头脑和甘冒风险的勇气。陈玉书能够在市场冷淡时大量购进景泰蓝，虽说是基于对未来良好前景的预期，但是不惜抵押全部家当作为赌注，就有些冒险了。但是机遇好像总是垂青于无所畏惧者，他的决策是正确的，寻找冷点要靠智慧，但是也需要勇气。

在热点的边缘找商机

热点不可能孤立地存在，它必须有其他行业的配合为其服务，这个挖热过程才能完整地继续下去。要不然，纵然是热点，也是一个没有挖掘的热点，红花虽好，也需绿叶扶。

信心能够感染你周围的人，更能给你带来成就和财富。假如你是位领导者或发起人，你的信心将会直接影响下属和合作者的信心，尤其是在关键时刻，就更应该表现出你的自信与冷静。假如你本人都已丧失了信心，其他人一定会更加慌乱，更加不知所措。

换言之，自信与他信几乎同等重要，要使他人相信我们，我们自身首先必须展现强烈的自信和必胜的精神。

以自信心态自居的人，以胜利者心态生活的人，以征服者心态傲行在世界上的人，与那种以缺乏自信、卑躬屈膝、唯命是从的被征服者心态生活的人相比，他们的人生路将会有天壤之别。

一块"蛋糕"的边缘产业附加值也是不可轻视的，会吃的人会把它聚成另一块"小蛋糕"，远远强过在大蛋糕上分抢到一小块或者空忙一场。

在美国历史上曾经有过两次"淘金热"的时期，一次是加州（加利福尼亚）找金矿，一次是德州（得克萨斯）找石油。在常人看来，寻找金矿、开采石油才是发财的唯一道路，其他之举都是不务正业。但是偏偏有"淘金者"能慧眼识商机，平凡出奇迹。

有位美国青年名叫亚默尔。他带着发财的梦想，随淘金的人群来到了加利福尼亚，面对人山人海正在挥汗如雨地寻找、开采金矿的淘金大军，他并没有马上成为他们中的一员，而是东走西看，南巡北察。亚默尔发现矿山气候燥热，水源奇缺，淘金者口渴难忍，常听到人们在抱怨说："要是有人给我一杯水喝，我宁愿给他一个金币。"

说到这里，就要说说热门的带动效应了。一类产品、产业的兴旺，它所能带动的其他产品的生产或其他产业的兴旺是间接作用。比如住房消费热，它所能带动的其他产业有建筑、建材、五金、装饰、服务等，无一不从中获益。

言归正传。亚默尔听在耳里，记在心上。他不找金矿而去找水源，找到后，他把水用沙子进行过滤，做成纯净、甘甜的矿泉水，背到矿山去，卖给那些淘金者喝。

很快，他的钱袋就鼓了起来。

根据马克思的经典经济学，"物以稀为贵"。水，这个地球上够平凡的东西，在这里却以金币论价。但是，市场是奇妙的，高额收益，很快吸引了很多的人加入供水行列，供求关系迅速变化。当价格回归到水应有的价值上来时，亚默尔已牢牢地把握住了赚钱的机会，带着赚来的大笔钱回家乡做生意去了。

另一位因"舍正求偏"而发迹的成功者是世界旅店大王希尔顿。当得克萨斯州发现大油田后，吸引了众多做着发财梦的创业者，希尔顿也是在朋友的鼓动下卷入淘金者行列的。希尔顿与众不同的是他一开始就不是冲着石油去的，虽然石油是主业，但与石油相关的潜在市场是巨大的。有人的地方就少不了吃、住、行，少不了钱财、物资、运输，少不了赚钱的机会。

希尔顿最初是带着办一家银行的美梦前往德州的。

但到了德州，希尔顿尝试了一番后，发现办银行的美梦难以如愿以偿。每天听到的都是从油田传来震耳欲聋的、因石油而发财的好消息，好像德州就是石油的天下。

一天，希尔顿来到一家名叫"毛比来"的旅馆想休息一下，发现小小的旅馆尽管已挂上了"客满"的牌子，但仍有一大堆人像沙丁鱼似的挤来挤去。人满为患的小旅馆居然8小时轮换一批客人，一天能开三班，生意如此兴隆，而旅馆老板却皱着眉头，一副困苦不堪的神态，抱怨自己没有眼光，当初真不该把所有的钱都投在旅馆上，否则，也能像许多人那样一夜之间成为百万富翁。

老板突然转向希尔顿说："谁愿意买下它我就太感谢上帝了。"希尔顿马上意识到这是一次千载难逢的商机，旅馆老板想做石油发财梦已经想疯了。希尔顿压抑住自己的激动心情，千方百计、想方设法凑足 5 万块现金，一举买下这个"毛比来旅馆"。

从此希尔顿走上了旅馆业的发展道路，并取得了辉煌成就。

亚默尔、希尔顿最初也只是两位穷人，他们以自己独特的思维加入"淘金者"的行列，"正财"不捞捞"偏财"，偏偏他们能成功。所以，热点旁边的偏点也有黄金。

令人信服和给人以充满活力形象的正是我们身上那种神奇的自我肯定的力量。假如你的心态不能给你提供精神动力，那么，你就不可能在世上留下一个自信者、积极者的美名。一些人总是奇怪自己为什么在社会中如此卑微，如此不值一提，如此无足轻重。其中的原因就在于他们不能像自信者、征服者那样去思考，去行动。他们没有自信者、胜利者或征服者的心态，他们总给人以软弱无力的印象。要知道，思想积极的人才富有魅力，思想消极的人则使人反感，而胜利者总是在精神上先胜一筹。

第三章

心思缜密者

——讲究细节赚到钱

"天下大事，必作于细。"老子的话在市场中也非常适用。面对不同的受众、不同的消费群体与消费需求，搞"一刀切"，只用某一类产品便想满足所有的消费者显然是不现实的。心思缜密的人会把点子用到这里：细分市场，给产品以明确定位，更好地服务市场，也自然能大获成功。

细处用功：只赚一部分人的钱

在日常生活中，没有哪一个人不想把事情办好，但是，许多人尽管做事十分努力，但老是因为自己的粗心，把不该做错的事情做错了，把该做好的事情做砸了。这就是因为做事情时不严谨、不细致而造成的。因此，我们每个人都应该培养严谨细致的性格。

对于一个人来说，只有具备了严谨的性格，才能走得稳，才能走得远。否则，大部分的时间都花在摔跤上了。假如一路上总是摸爬滚打，能走得快，走得远吗？不要看不上那些简单的事情，不要忽略那些被他人认为很容易的细节和细致的功夫。一个人能够把简单的事情做到位，这就是不简单。大家都认为很容易的事，假如你能认真严谨地做好，这就是不容易。

一个人的性格是在生活中逐渐形成的，正所谓"不积跬步，无以至千里。"每个人平时的一言一行都会形成习惯，好的素质不是一天养成的，需要不断地积累，而每个细节体现着每个人的综合素质，更能体现一个人的性格。有时看似简单的一件事，却可以反映出不同的人不同的态度及其性格。

在这个弱肉强食、强手如林的世界里，想要生存是难上加难。许多小的公司就是因为无法与大公司抗衡而相继倒闭，但也有另外一些则幸存了下来，弗纳斯姜汁酒便是其一。

是什么魔法让他们继续得以生存呢？重要的一点，就是他们拥有独一无二的、别人无法取代的特点，换句话说，他们就是要做自己。正是凭着这一点，他们才能在强手面前依然傲然挺立。

一提到软饮料，人们首先想到的是可口可乐，其次想到的便是百事可乐，但无论如何，都几乎不会想到弗纳斯姜汁酒。

不论你是否知道或喝过弗纳斯姜汁酒，在你初次品尝时，你不一定认为它就是姜汁酒。公司自称弗纳斯姜汁酒"具有悠久的历史"，而且"与众不同地好喝"。这种酱色的软饮料比你喝过的其他姜汁酒都要甜，都要温和，但是，对许多与弗纳斯一道长大的底特律人来说，弗纳斯姜汁酒是唯一的。他们凉着喝，热着饮；早晨喝，中午喝，晚上还喝；夏天喝，冬天也喝；喝瓶装的，也在冷饮柜台喝。他们喜欢气泡冒到鼻尖上痒痒的感觉。他们还说，如果没尝过上面浮有冰激凌的弗纳斯姜汁酒就算白活了。对许多人来说，弗纳斯姜汁酒甚至还有少许疗效，如：他们用暖过的弗纳斯姜汁酒来治小孩吃坏的肚子或者缓解疼痛的喉咙。对绝大多数底特律成年人来说，弗纳斯那种熟悉的绿黄相间的包装带给他们许多童年时的美好回忆。

软饮料行业一直都是两大巨人在主宰。可口可乐公司占42%的市场份额，位居第一；百事可乐公司以约32%的市场占有率向可口可乐发动强劲的挑战。可口可乐和百事可乐是"软饮料战"中的主要斗士。它们为争夺零售货架发生了持续猛烈的战斗，使用的武器包括：源源不断的新产品、大幅度的价格折扣、庞大的销售商促销队伍及巨额的广告和促销预算。

一些"第二层"品牌，如彭伯、七喜和皇冠，共同占领了约20%的市场份额。它们在较小的可乐和非可乐细分市场中挑战可口可乐和百事可乐。当可口可乐和百事可乐争夺货架时，这些第二层品牌经常会被挤出来。可口可乐和百事可乐制定了基本规则，较小的品牌不遵守规则，就会被吞并或被挤出。

同时，还有一群专注于虽小却忠贞不渝的细分市场的特制品生产商，相互争夺剩余的市场份额。这些小企业尽管数量很多，但是每一家的市场占有率都很微小，通常不到1%。弗纳斯就属于这"所有的另一类"群体，如果说彭伯和七喜在软饮料战中是被挤出货架的，那么这些小企业面临的后果可能是支离破碎、遍体鳞伤。

在如此激烈的软饮料大战中，你一定会对弗纳斯的生存感到困惑，可口可乐每年花掉近35亿美元做软饮料广告，而弗纳斯只花100万美元。可口可乐有长长的一列品牌千变万化，如可口可乐经典、可口可乐Ⅱ、樱桃可口可乐、低卡可口可乐、无咖啡因可口可乐、低卡樱桃可口可乐、无咖啡因低卡可口可乐、雪碧、特伯、甘美黄、小妇人苏打水等，而弗纳斯只有两种形式：原汁的和低卡的。可口可乐巨大的销售商推销力量以大幅折扣和促销折让摆布着零售商；而弗纳斯只有小额市场营销预算，并且对零售商没有多少影响。如果你能幸运地在当地超市里找到弗纳斯姜汁酒，它通常和其他特殊饮料一起被藏在货架的最底层。甚至在公司有很大把握的底特律市场，零售店通常也只给弗纳斯很少的货架面，而许多可口可乐品牌会有50%到100%的货架面。

就这样，弗纳斯仍然生存了下来，而且日渐繁荣兴旺！那么弗纳斯是如何办到的呢？弗纳斯没有在主要软饮料细分市场与较大的企业直接较量，而是在市场中"见缝插针"。它集中力量满足弗纳斯忠实饮用者的特殊需要。弗纳斯明白自己永远不可能获得比可口可乐更大的市场，但弗纳斯同样明白可口可乐也永远不可能创造另一种弗纳斯姜汁酒，至少在弗纳斯饮用者的心目中是这样。只要弗纳斯继续满足这些特殊顾客的需求，它就能获得一个虽小但能获利的市场份额。因为1%的市场占有率就等于5亿美元的零售额！因此，通过选择合适的市场位置，弗纳斯在软饮料巨人的阴影下茁壮成长。

在夹缝中生存，弗纳斯的艰难可想而知。但与七喜等二层品牌比起来，弗纳斯是明智的，它不去与可口可乐等巨头直接"交火"，因为那无异于以卵击石。而是只做自己，做出自己的特色。与那些大企业比起来，它更懂得"见缝插针"，培养自己的市场，拥有自己的忠实饮用者，这便是它的魅力所在。这样的例子如国人对老"红旗"车的喜爱，"北京啤酒"的再度复出等。虽然有奔驰、宝马，虽然有喜力、青啤，但还是有那么一部分人，他们只喜欢"红旗"，也仅爱喝"北京啤酒"，这样的人就是那批品牌的拥护者，这样的企业也正是因为拥有自己的特色而存在。

古人说："莫因善小而不为"，"不择细流无以成江海"。假如我们每个人都注重细节，从每一件细微的小事做起，我们的事业就会越来越出色。

注重细节，要从改变性格做起。性格往往决定了人们对事物和问题的认识，并将指导和支配着人们的行动。

成功者都十分重视做事的细节，善于从事物的细微之处做起。他们认为一件细小的事做好了就是不简单，把每一件平凡的事做好了就是不平凡。由此，成功者都乐意、自觉地注重细节，从平凡做起，从小事做起，不怕枯燥无味地反复操作。在平凡中寻求乐趣，在无味的反复操作中寻求提高。在我们身边不乏这样的其人其事，他们真是对注重细节有较深的认识与理解，才练就了过人的技术和本领，受到大家的欢迎和信赖。

注重细节，要精心地做好事情的每一处细节。一般来说，在一件事上存在着很多细节，一个细节解决不好，就可能影响整件事情的结果。

1％的错误会带来100％的失败。因此，对渴望成就人生的来说，做好每一件细小的事情都是至关重要的。

注重细节，要的就是脚踏实地地做好每一个细节。人们常说，世界上有两种距离，一个最短，一个最长，前者是指由手到嘴，后者是指由嘴到手。这就是说，把行动变成语言很容易，而把语言付诸行动，变为现实则很难。"能说会道"与"真抓实干"之间存在着某种内在的矛盾。卡耐基曾说过这么一句话：我年纪越大，就越不重视他人说什么，我只看他们做了什么。因此，细节的完成需要积极地去行动。

针对特殊人群的特殊需要

谨慎型性格的人不关心自己的内心状态，缺乏行动力，谨慎型的人虽然擅长洞察他人的内心，却不了解自己的内心世界。他们的注意力是朝向外部世界的。当感受到威胁时，这种倾向会更加明显。他们往往把自身受到的威胁归结于他人的恶意。

在社会产品极其丰富的今天，如何让消费者第一眼便能瞧上你的商品？这是商家必须思考的问题。这其中，针对特殊人群的特殊销售，便是一个找到财路的好思路。

产品定位准确，适销对路，自然备受消费者的青睐。日本的大木良雄在这一点上做得很好。

大木良雄是个头脑灵活的日本青年，他善于变通，从不墨守成规，他先在某公司当职员，后来自立门户，创办了一家"日伊百货公司"。

公司开张后，大木良雄经过数天的仔细观察后，发现了两大特点：一是每天来购物的顾客中有80％是女人，男人则多半是陪着女人来的；二是白天来的大部分是家庭主妇，下午五点半以后，来光顾的多是下班的女士们。由此，大木良雄认为：家庭主妇和职业妇女在购物倾向上有很大的不同，按原先那种一视同仁的经营方法很难达到最佳效果，必须根据顾客的变化而变化。那么，该怎么变呢？经过几天的冥思苦想之后，他终于想出了一个两全其美的办法，他相信这个办法完全能使他的公司由小做大，并有所成就。

首先，他按时间差异来陈列商品，白天他摆上妇女用的衣料、厨房用品、手工艺品等；一过下午五点半，就将年轻的、充满青春气息的氛围带进店里，使店内气氛摇身一变来迎合年轻人。内衣、迷你裙等等，都是年轻人喜欢的大胆款式和花样，凡是年轻女士需要的可说是应有尽有，光是袜子就有数十种花色，大木良雄知道哪些是吸引年轻人购买欲望的"欲望商品"，便把其他商品统统收起来，以便给"欲望商品"腾出位置。

其次，大木良雄又积极开展市场调查。顾客们向调查员这么说："买高级衣料我们就去别的百货店，买袜子我们就去日伊。"顾客们的反应使大木良雄更加自信，针对顾客的需求，他竭尽全力来推销袜子，并尽可能地降低售价，别的商店一双卖250日元的袜子，他使用大量进货的方式买进，然后，以200日元的价格廉价出售。袜子的种类也尽可能多，使顾客的选择余地更大，即使最挑剔的顾客也不怕在日伊买不到中意的袜子，这种做法果然成功，两个月后袜子的销售额便增至以前的5倍多。

袜子的推销政策成功后，他又开始卖高级的外国产品，这对提高店铺的品位很重要。

当然，大木良雄的主要着眼点还是价格适中的商品。不过，除了袜子之外，还有什么可以大力扩销的呢？于是他继续观察5点以后的顾客，发现这时候的顾客人数多，一小时的销售额就相当于日间一小时的2倍，尤其是服装的销路最佳，于是他就倾其全力来销售年轻女性用的流行服装，而且还全天供应；照明设备的光线和窗帘的设计也对吸引顾客有很大的关系，在这两个方面他都下过一番工夫。

自此，日伊的流行商品比别家便宜的消息不胫而走，吸引了成千上万的新顾客，如潮的客流使大木良雄在半年后又设立了 6 家分店，3 年后他的分店遍布全国，共有 108 家。他由小及大的想法得以实现。大木良雄也成了日本名副其实的零售业大王。

犹太人行商四千多年，总结出了两条公理，其中的一条便是瞄准女人去发财。

确实，日常生活中常有这样的景象，假日里男人陪女人逛商场，女人在前边不停地购物，后边的男人则跟着付款，因为是老公买单嘛，所以不买白不买，最后，总会大包小包买下一大堆，老公的腰包不瘪绝不罢休。于是，精明的商家打起了女人的主意，大木良雄正是靠对这一点的精细观察和利用而成功的。

针对女性这一特殊群体，大木良雄对自己所售商品进行了适当的变化，使之适合女性的购买，就这样，在女人身上做文章充分把握了女性购买心理的大木良雄赚得盆溢钵满。

寻找空白点，小商品做成大生意

你相信吗？小小的尿布居然能与松下电器、本田汽车等名牌产品一样著名。日本尼西奇公司凭着"只要市场需要，小商品同样能做成大生意"的经营思想，找到市场的空白，开发出了深受大众欢迎的小商品。寻找"空白"就是他们获胜的独到之处。

饭是要一口一口吃的，活是要一步一步干的，无数的小事将铸成大事，一天一天的成就将会砌成你梦想的大厦。

在我们的生活中，几乎每个人都有自己的梦想。有梦想并不是坏事，关键是要找对方法，并努力去实现它。如果我们想在公司里出人头地，就应该将自己的梦想与公司的发展结合在一起。我们要从现在的任务做起，一步步认真而又执着地做下去；我们要认真地去拜访客户、调查市场，而且，无论做什么，都要由始至终在脑海中保持着梦想的远景。只有这样，我们才能把注意力集中在现在需要做的事情上，同时也与我们的梦想保持密切联系，使我们的每一次行动都在向心中的目标前进。当我们集中精力处理当前事务的时候，我们就已经开始成长。实现未来梦想的第一步，就是把当前的工作尽力做好，然后再满怀信心地去做下一个。

这样一来，不但你的心中会时时充满对工作的热爱，你也一定能在工作中体会到无穷的乐趣，逐渐取得越来越大的成就。当你的能力逐渐超过现在职位需要的时候，你就可以充满自信地向更高的职位前进了。一个成功的人无论对于工作还是生活都是心存感激的，而且内心永远会保持自己的理想。与其天天做白日梦或者失意地愤而退出，不如集中精力并且扎扎实实地努力工作，只有这样，才能更快更好地让你的梦想变成现实。到那时，周围的人一定会对你刮目相看，你将会充分实现自己的梦想和价值。

每个人都应该有理想，但理想一定要切合实际。更重要的是，你要脚踏实地，在一件件最不起眼的小事里慢慢积累成功的资本。千里之行始于足下，如果你正怀抱着宏伟的梦想，那么就从眼前的小事做起吧！

日本尼西奇股份公司原来是一个经营橡胶制品的小厂，只有30多人，订货不足，面临破产的边缘，然而，小小的尿布使他们起死回生。如今，他们的年销售额为70亿日元，产品不仅占据了国内市场，而且行销70多个国家和地区，成为名副其实的"尿布大王"，他们的生意经是："只要市场需要，小商品同样能做成大生意。"

与松下电器、丰田汽车相比，小小的尿布并不起眼，然而，这种小商品居然能做成大生意，这是令人吃惊的事情。尼西奇股份公司在20世纪40年代末期曾面临破产的危险。一次，他们从日本政府发表的人口普查资料中得到启发，他们认为，日本每年大约有250万个婴儿出生，尿布是不可缺少的，如果每个婴儿用两条，全国一年就需要500万条，这是一个多么广阔的市场啊！像尿布这样的小商品，大企业根本不屑一顾，而小企业的人力、物力和技术尽管有限，如果能独辟蹊径，必定有所作为。商品不在于大小，只要市场有需要，同样能成为畅销货，做成大生意。基于这样的考虑，尼西奇股份公司当即做出了决策：专门生产小孩尿布。

然而，尼西奇公司首先遇到了打不开销路的困难。虽然，尿布的市场十分广阔，消费者也很需要，但就是卖不出去，这是什么原因呢？原来，日本各地的服装批发商以经营四季时装为主，根本不把尿布放在眼里，如此造成了尼西奇公司的产销脱节现象。为了解决这一问题，尼西奇公司决心花大力气建立自己的销售网络，他们在东京、横滨等大城市建立了分公司和流通中心，在一些中小城市则建立了营业所，尼西奇总公司通过这些分支机构，与日本全国的332个大百货公司、106个零售团体、104个批发公司、3135个超级市场、3430个特约专业零售商店直接挂钩，建立起庞大的销售网，并通过这种销售网使尼西奇公司与每个家庭建立了联系。为了促销，他们还在销售中心和营业所聘请一些三十来岁带养过婴儿的妇女担任销售宣传指导，为用户提供可靠的技术咨询。与此同时，公司也从她们那里定期收集用户对产品质量、性能、规格的意见，不断改进产品，进一步打开市场。

为了增强尼西奇尿布的竞争实力，尼西奇公司不断地创新，精益求精做产品，以扩大销售市场。尼西奇尿布经历了三代。第一代产品与前几年中国市场上供应的婴儿尿布差不多，用一层用布料做成，适应性差；第二代产品在外观上作了一些改进，除了一层布料的尿布外，还将外面一层做成一条小短裤，有松紧带，有尺寸，还可以从颜色上分辨男女裤；第三代产品把尿布改为三层，最里层是棉、毛、尼龙的混合织物，外层是一条漂亮的小短裤，从而解决了吸水、透气问题。如今，这种尿布已经发展到近百个品种。

就这样，经过几十年的努力，尼西奇公司依靠独特的销售方式和不断创新的精神，终于使小小的尿布成为与丰田汽车、东芝彩电、夏普音响一样有名的商品，在日本婴儿所使用的尿布中，每三条中有两条是尼西奇公司所生产的，使该公司成为名副其实的"尿布大王"。

一些大的企业是不屑于制造小商品的，但其实这样的做法并不可取。因为往往一些小的商品，恰恰是商品竞争的"空白点"，只要能把这样的"空白点"挖掘出来，企业便能获得意想不到的成功。而很多企业却忽略了这一点，盲目跟风，在一些比较热门的产品上出现"一窝蜂"的现象，结果供大于求，引发价格大战，企业也因此而破产。

寻找市场需要的"空白点"，小商品也能做成大生意。

掘取生活习惯中的盲点

大众的眼球总是跟着商家炒作的热点走，很少有人从这种"虚热"的背后，看到一些有价值的机会；但是有心人就会洞悉到被这些跟风者忽略的市场盲点，这些盲点在他们手中就变成了财富的胚胎、价值的种子。

刚毅是一种刚强、硬朗、有血性的性格。具有刚毅型性格的人，勇敢顽强、无坚不摧。在国难与挫折面前他们绝不会轻言放弃，而是知难而进，愈挫愈勇。

先知先觉者已经在各自的领域内树立起了一面财富的大旗，后知后觉者则在苦苦寻觅可以插下财富旗帜的山头。在这个越来越成熟的市场中，提供给后来者的机会不是很多，但是就有很多人可以在激烈竞争的夹缝中找到一些被人忽略的盲点，看准了人们生活习惯中蕴藏的商机，果断出击，一跃成为财富新贵。于是，这些新贵们都兴高采烈地跑到那些已经插满财富旗帜的山头，倍感荣幸地将自己的那面也插到了上边。

"填空当"是一门大学问。机会的场地虽然看上去似乎已经座无虚席，但只要你挤上去，总会找到立足之地。俗话说"见缝插针"，寻找商机必须有眼光和灵活性。别人横着站，你不妨侧身而立，利用好别人剩余下的空间，你完全可以站得更安稳、更牢靠。

聪明人总是能够发现别人忽略或根本不知道的机会空间，并且善于利用开拓。他们独辟蹊径，从小路杀到大路上。由于少了竞争和阻力，他们往往能比别人更有优势，因此也能更领先一步。

董秀打小就酷爱养花弄草。在她家乡的小镇上，家家户户的房前屋后都种满了花草树木。董秀的父亲更是对种养花草一往情深，把自家院落布置得像个大花园。在父亲的影响下，董秀开始钻研花卉的培育。她从小就有一个不大的梦想——开一家属于自己的鲜花店。但是，历史的机遇让她的梦想在她职业高中毕业后拐了一个弯，她走进一家大型国有商业企业。在这里，她做过营业员、柜组核算员、柜组长。繁忙的工作并没有把她的梦想淹没，她时常到花市走走看看，还订阅了一些花卉书刊研读。

两年后，她辞了工作，静下心来调查合肥市鲜花市场的行情。她发现，当地鲜花店越开越多，竞争非常激烈，如果涉足，风险很大，成功的机会很小。于是，她把眼光转向盆栽的绿叶植物，经过一番调查后，她得到了与鲜花市场同样的结论。

　　一个日趋成熟的市场，提供给后来者的机会的确不多。商家最忌讳的就是低层次的竞争，干什么都"扎堆"，你有我有大家有。市场的容量始终有一个限度，类似的商家越多，利润越薄，发财机遇就无从谈起。

　　有没有既美观大方、有品位、又容易养护、生长时间长的花卉品种呢？正当董秀为此苦苦思索时，一篇关于瑞士"拉卡粒"无土栽培技术及其他一些关于水培技术和无土栽培花卉的文章深深吸引了她，看着图片上那些生长在透明玻璃瓶里，在五颜六色的营养液里伸展着可爱的根部的花卉，董秀的心被触动了，"这不正是我日夜寻找的东西吗？"

　　于是，董秀认真思考起这种花卉的市场前景。不用土，没有异味、没有污染，又不生虫，还能观赏从叶到根植物生长的全过程，正常情况下，半个月左右换一次水就可以了。

　　现代人生活节奏加快，让人在闲暇之余变得更"懒"了，对越方便的东西越青睐。这就为董秀那让人不费劲就能享受到绿叶鲜花的"懒人植物"提供了机遇。

　　过去接触过"懒汉鱼"、"懒人发型"等新鲜事物的董秀脑筋一转，"我何不尝试把它叫做'懒人花卉'呢？"

　　带着深深的喜悦和无比的激动，董秀按图索骥，找到了研究水培花卉技术的工程师。凭着自己的聪明才智，经过几天的学习，她就掌握了这项少有人问津的新技术。

　　带着"拉卡粒"、"营养液"和胸有成竹的自信，董秀匆匆赶回合肥。在家中，她独自对吊兰、多子斑马等十几个品种进行了两个星期的实验，都相当成功。"懒人花卉"在董秀心中深深扎根了。

看准了"懒人花卉"的庞大市场，董秀说干就干，在合肥裕丰花市成立了首家也是合肥唯一的一家"懒人花卉"培育中心。这个中心拥有大型苗圃，采取连锁经营的方式，在花草鱼虫市场、超市和居民小区等人口集中地区开设分店，为人们美化居室提供服务。

"懒人花卉"一亮相，就受到人们的喜爱，顾客纷纷拥来。

位于合肥繁华地带的"轻松咖啡屋"在开业两周年之际，批发了一些"懒人花卉"，放在供客人使用的桌面上，店主说："以前我们像其他地方一样，摆的是康乃馨、玫瑰等鲜花，现在换成能看到根部的紫露草、小天使等，觉得又别致，又有品位。"一些宾馆还在客房的卫生间摆上了"懒人花卉"。

一举成功的董秀正计划开展"懒人花卉"出租业务，定期上门为顾客提供精心的养护，让人们花很少的钱就能享受到千姿百态的花卉艺术。

机遇总是垂青于有准备的头脑。董秀出于对花卉的热爱，所以总是关注着这一市场中的每一丝风吹草动，最终抓住了"懒人花卉"这一契机，培育出了既适应了快节奏的现代生活，又能装扮家庭和办公环境并且容易培养的新型花卉，给千家万户和许多商家带去了美的感受的同时，自己也靠这个机会享受到了成功的快乐。

因性别因素而被人们忽视的商机

　　特殊人群的特殊需求可以成为商机。那么，我们生活中长期被忽略的细节需求呢？也许就像了下面例子所说的，在另外"半边天"身上也会存在不少空白商机呢。

　　协调型的人不善分别事情的轻重缓急，即使有些事必须马上做，他们也会优先去做一些无关紧要的事。只要有时间，他们是不会急着去完成的。

　　协调型性格的人，克己待人，虽然性情温和，但有时也会发火。他们发火时，是郁积在心中的怒火到了无法忍耐的极限。表现出一副顽固僵硬的姿态，甩手不干，是愤怒的间接表现。出于同样的理由，他们也会逼着对方先发火。他们了解人的愿望，可以用消极的方式，让对方感到烦躁，进而发怒。但会努力迎合他人的意见，能够忘却自己的协调型的人，很容易迎合他人意见，把他人的事当成自己的来做。当决定是否要做一件新的事情时，他们犹豫不决，结果往往随大流。假如干了一半，发现不对劲时，也不会说一个"不"字。同时，一旦决定便难更改，协调型的人也是最顽固的一个类型。一旦做出决断，就会顽固地坚持不变。这不是因为坚信决定正确，而是由于原本就不愿意做的决定，只是迫于周围的压力，而不得不为之。这种性格特征使他们适合担当公平的仲裁者和调停者的角色。

　　以往，大多数家用电器厂的研究人员都是男性居多，他们对年轻女性、职业妇女以及家庭主妇们的需求在了解上往往有差异。1985 年 10 月，松下电器公司用 5 名女职员组成一个开发小组，由她们提出的新产品设想，令男同事都大为惊讶：他们从未想到过，新产品要解决的问题居然一直存在着。

比如，经过相当规模的市场研究后，这 5 人小组发现：内衣的晾晒问题一直是妇女们共同的大问题。据她们的调查显示，2/3 的年轻女性每晚都要洗自己的内衣，而又大多不喜欢把自己的内衣晾在屋外，一方面是怕男性看到，另一方面是担心招蜂引蝶。可是她们又花不起 7 万日元去买一部烘衣机，况且公寓的狭小空间也难以容纳庞大的烘衣机。

在 5 人开发小组的建议下，松下电器公司设计了一种不伤内衣的小型廉价烘干机，售价为 15 万日元，产品推出，一炮走红。

松下电器公司的熨斗部门也不甘落后，该部门由 7 位女性组成的研究小组发现：许多女性都希望马上除去衣服上的食物气味，因为下了厨房或是在烧烤店吃了一餐后，气味要经过一天以上才能完全消失。如果在此时把衣服收进衣橱，还会发生"串味"现象，会熏染其他的衣服。通过研究，该小组发现，蒸汽能有效地祛除异味，就开发出一种售价 6600 日元的蒸汽刷子，经推销介绍后大受欢迎。

特定的人群、性别便有其特定的消费需求。不同性别的消费者，由于其生理特点和生活实践的不同，在消费心理上的特点也会有所差别。

无人问津的未必就是没有价值的

　　潜在的商机就在那里，谁有心，谁发现；谁行动，谁就赢。对于潜在商机的把握，光有心是不够的；你是否有勇气将你的预见进行到底，也是你能否将潜在商机所带来的预期财富据为己有的重要因素。所以，潜在商机能否变成现实的钞票，智勇兼备是最重要的。

　　主导型的人对权利保持高度警惕，之所以这样，是由于他们害怕自己成为不公正权利的一分子。其次，他们会判断这个人是否公正，有多大能耐，并且通常会抓住对方的弱点，观察反应。主导型性格的人，追求权力和支配，掩饰自我虚弱。主导型的人的"误区"是权力欲与支配欲，并有隐藏自己弱点的倾向。他们强烈期望当领导，当别人服从自己时才感到安全。把自己看成保护者，挺身保护弱者，对抗一切不公平。对权利的渴求是主导型的人成就事业的力量源泉。主导型的人对别人的操纵权利和行使主导权十分警惕。认为对那些自以为是的家伙就应该毫不留情。他们讨厌为他人所左右，希望把他人的影响降低到最小限度，总想了解有关周围人的一切，以便排除未知因素，把握局势。

　　有位父亲曾对即将远行的儿子说了这么一句话：这个世界既不属于有钱人，也不属于有权人，而是属于有心人。这位父亲为他指出了成功的不二法门：做个有心人。是否有心是一个人能否透过纷繁复杂的表象，预见到事物本质的唯一条件。

　　"人弃我拾"，这种剑走偏锋的险招往往能出奇制胜，但它的前提应该是有洞观全局的眼光和成竹在胸的信心。否则，这种便宜也不是好捡的。

特朗普这些年一直关注着哈得孙河边的一个荒废了的庞大铁路广场。每次他经过那里时，他就设想能在那儿建什么。但是，在该城处于财政危机时，没有谁还有心思考虑开发这大约100英亩的庞大地产，那时候，人们认为西岸河滨是个危险去处。尽管如此，特朗普认为，要全面改观并非太难，人们发现它的价值只是时间迟早的问题而已。

1973年，特朗普在报纸上的破产广告一栏中，偶然看到一则启事：说一个叫维克多的人负责出售废弃广场的资产，他于是打电话给维克多，说他想买60号街的广场。

广场的事虽然最终未落实，但维克多提供了另一个信息：名叫康莫多尔的大饭店由于管理不善，已经破败不堪，多年亏损。

特朗普却发现，成千上万的人每天上下班的时候，都要从饭店旁边的地铁站上上下下，绝对是个一流的好位置。

特朗普把买饭店的事告诉父亲。父亲听说儿子在城中买下了那家破饭店，吃惊不小，因为许多精明的房地产商都认为那是笔赔本的买卖。特朗普当然也知道这一点。不过他耍了一些高明的手段，他一方面让卖主相信他一定会买，却又迟迟不付订金。他尽量拖延时间，他要说服一个有经验的饭店经营人，一道去寻求贷款。他还要争取市政官员破例给他减免全部税务。

一切安排妥当后，特朗普终于买下了康莫多尔饭店，他重新装修了一下，并把饭店重新命名为海特大饭店。重新装修后的饭店富丽堂皇，楼面是用华丽的褐色大理石铺的，用漂亮的黄铜做柱子和栏杆，楼顶建了一个玻璃宫餐厅。它的门廊十分有特色，成了人人都想参观的地方。

海特大饭店于 1980 年 9 月开张，开张后顾客盈门，大获其利，总利润一年超过 3000 万美元。特朗普拥有饭店 50% 的股权。

玫瑰在散发馨香的同时也会有尖刺刺到人，财富以它诱人的面目出现时也伴有风险。不冒险当然不会有很大损失，但是也不会有很大的收益，是否甘愿冒险去摄取利润，取决于当事者的风险预期和对机会成本的选择优化。有人在风险面前驻足观望，有人却咬紧牙关迎头赶上，赶上者风光无限，观望者垂涎三尺。所以，面对财富，冒点风险也是很必要的。

人们往往能对一窝蜂"扎堆"的不明智做法表现出事后诸葛亮式的批判态度，并自以为聪明地不再"傻"第二次，却因此忽略了"扎堆热"之后的"冷场"，也从而错失了真正的"商机"。

前几年，在沈阳街头流传着这样一个故事：有兄弟俩和妯娌俩筹集了两家人的全部积蓄，奔向海南贩西瓜。当时，沈阳市场西瓜紧缺，经营者都纷纷奔赴海南购买西瓜，都想赚一笔大钱，这是不是机遇呢？照机遇的本身含义来讲，这个时候肯定是一种机遇。

但是，当哥俩把西瓜从海南运到沈阳后，沈阳市场西瓜堆积如山，喊破了嗓子也卖不动，最后一算账，连本钱都没赚回来。于是那哥俩都绝望地说："今后死也不干长途贩运了。"

可是，妯娌俩并没有被眼前的困难所吓倒，她们又筹借了一笔资金，不顾众多人的劝阻，二下海南。这一次，当她们把西瓜运回来后，市场上当天只有她们两人的西瓜,一下子就被人抢光了,不但弥补了上次的亏损,还获利一万多元。当有人问她们赔了那么多钱,为什么还去海南贩西瓜时,妯娌俩说:"第一次,市场缺西瓜,我们去贩运的时候,别人也去贩运了,又都是那两天到货,货一多,价格就低了下来。在我们赔钱的时候,别人照样赔钱,就像我们那哥俩一样,害怕再赔钱,都不再运了。正是这个时候,我们把西瓜运进来,市场只有我们一份,价格自然就上去了。"

根据"脑科学"研究人员的分析结果表明,男性和女性的智力分配是不均衡的:男性更善于从宏观上观察和思考问题;而女性则习惯于从微观角度思考问题,用心细如发来形容她们的思维特征是再合适不过的了。在某些情况下,女性以其特有的敏感和缜密的思维做出了准确判断,确实让堂堂大老爷们儿"刮目相看",真正是"巾帼不让须眉"。上文中的妯娌俩就给我们上了精彩的一课,她们以"众人皆醉我独醒"的智慧,看到了停滞的市场行情背后的盲点,二次贩瓜,独获成功。

专门赚滞销品的钱

与其与竞争对手争相追逐那块仅有的蛋糕,倒不如背道而驰,换一个角度去寻找新的财富。

这就是一种"反弹琵琶"的生意经。日本的西图网络超市，从来不卖热销的产品，却总是把别人从货架上撤下的商品陈列在店堂的最显眼处，看上去十分令人不解，而事实上这种做法，却给他们带来了巨额的利润。

在日本，7-11"超市公司"是畅销商品的代名词，因为那里最大的经营特色就是随时进行周密的数学分析，剔除已经滞销的商品，而西图网络超市却反其道而行之，要将"7-11"公司不卖的商品陈列在店堂的最显眼处。这生意上的奥秘是什么？

"一些商品从大型超市一旦撤下，其他小商店也会紧跟着将其排除在进货范围之外。这时，供应商必定出现库存，这就成了我们的目标。此时赶快上门协商，将这些货低价吃进。"西图网络超市社长稻井田安史道出了专进"滞销品"的秘密。

其实这只不过是这家超市公司经营诀窍的"冰山一角"。在商品陈列和促销宣传上它也有着与众不同的"怪异之处"。

西图网络定下的进货规则堪称一绝，归纳起来共有10条，其中有这样几个"不要错过"：接近保质期期限的食品不要错过、被新产品换下的老产品不要错过、因换季而被淘汰的商品不要错过、在东京无知名度的商品不要错过等等，那是一些商家通常忌讳的商品。西图网络超市的可贵之处在于，在这些以极低廉的进价采购来的货品上赋予智慧，挖掘价值，使之成为顾客欢迎的商品。

"我们是以2～5折的低廉价格购进人家不要的货品，所以获利也颇为可观。"稻井田社长说。比如，西图网络公司常会购进尚有10天保质期的矿泉水，而这是大型超市便利店要向生产商或批发商退货的东西。当然进价也低得可以。西图网络超市进货后，就把它放在显眼的货架上作为推荐商品来销售，并用 POP 广告来大肆宣传："我的生命还有10 天，谁来喝？"

对于知名度虽低、但品质不错的沙拉酱，他们有意放在比著名品牌更显眼的地方来推销，POP 广告也特别吸引人："难道沙拉酱就只有丘比特？"当然所有这些商品的售价都只有通常的 2 ~ 5 折。

"以高价进全国知名品牌的新产品，明知要损失利益，还要以低价来出售，这一点也没意思。自己来创造畅销商品，这才是做零售的乐趣所在。对接近保质期限的食品，我们不是把它看做'只有 3 天了'，而是'还有 3 天呢'。这种精神很重要。"负责西图网络超市零售业务的铃木康二董事说。

走进西图网络超市的店堂，全然没有别的超市的那种商品排列井然有序的感觉，而是有点凌乱。其实，这是西图网络超市有意这么做的。稻井田社长说"我们特意要创造一种'总可以有新的发现'的集市购物氛围。"

西图网络超市开设门店，选址总是挑大型超市附近或车站的前后，这样，不但客流量有了，而且连建停车场的钱都省了。

西图网络超市在经营理念和风格上的独树一帜，使得它在消费普遍不景气的日本流通业界获得了异乎寻常的快速增长，2003 年全公司的营业额达到了 322 亿日元，比上年增长了 17%，利润 22 亿日元，增长了 81%。连续 8 年保持增收，不仅开一家赢利一家，而且老店的营业额也比上年增长 8.4%，利润增长了 7%，这在日本的流通业界已是罕见的高增长率了。

"理光"的创始人市村清有一句名言："行人熙攘的背后有蹊径。"意思是说，人家都在走的道路前端不会有"金山"等着你，倒是不为人注意的地方有可能让你发现财富，随着时代的发展，传统的生意经不一定"灵光"了，做生意若被过去的成功经验或业界现成的意识所束缚，你就难以在竞争社会中立于不败之地。有的生意经换一个角度来思考可能就会产生豁然开朗的感觉，反"常识"的东西也会变得理所当然。

充分利用"小"的优势

当今有这样的说法，如今的市场竞争就如同生物链一般：大鱼吃小鱼，小鱼吃虾米。在这其中，大鱼占尽优势。所以人们认为，大的就是好的，其实，企业规模未必越大越好，小也有小的道理。

把大鱼吃小鱼，小鱼吃虾米这一理念运用到企业中，就是去追求企业的规模，因为在他们眼里，"大即是强"。但是，有某些规模相当大的企业却在转瞬间轰然倒塌了，而那些小规模的公司都安然无恙。为什么会这样呢？联系亚洲网站的创始人苏珊·楷说，中国萌芽网的王晓宁便是这方面的成功典范。

随意走进一家纽约布鲁克林的托儿所，你都不难发现黄皮肤黑眼睛的中国小女孩和她们白皮肤蓝眼睛的美国父母。截至 2000 年年底，美国家庭收养了大约 19 万名中国儿童。旅居美国的北京姑娘王晓宁从中看到了商机。"我带着儿子外出散步的时候常常会遇到这样的美国父母，他们对中国的一切都充满兴趣。"于是，当王晓宁从纽约一家商学院毕业后，她开办了中国萌芽网站（China Sprout com），专门出售一些在美国难得一见的中国商品，比如中国的瓷娃娃和中国年历。现在中国萌芽已经有了近 5 万名用户。

在一年以前，像中国萌芽这样有独特经营理念的网站是颇受风险投资者青睐的。但是随着 2000 年网络经济的泡沫破灭，整个电子商务产业的市值下跌了 60 ~ 70 个百分点，风险投资规模也跟着大幅缩水。

当那些规模庞大的新经济公司烧光了他们手头的现金，纷纷离开这场游戏时，人们不禁担忧，那些小公司是否能支撑得下去。

五光十色的空中楼阁终于幻灭，人们发现只有踏踏实实筑起来的网络公司才能得以生存。不切实际的幻想已经失去了市场，而旧经济的经营方式又重新获得青睐。这些脚踏实地的首席执行官们在自家的车库或客厅内办公，用网络电话而非国际长途和世界保持联系；他们避免雇用大量全职人员；同时他们注重在所处的社区内采取口耳相传的宣传方式来扩大知名度，而非在电视上大肆播放广告。

"网络公司以前总喜欢吹嘘他们的规模有多大，有多少员工，但现在他们再也不这样做了。反过来，现在他们开始夸耀'我们有多小'。"联系亚洲网站（Asian Connections）的创始人苏珊·楷说。

互联网络业内有一个不成文的规矩，就是把一个人当成 4 个用。这既指网络公司的工作人员干活卖命，也指他们一专多能。在公司刚刚开始创建的时候，很多创始人是什么都做，但一旦公司小有规模，他们就觉得自己该"毕业"了，开始雇佣各专业人士。"我曾看到有些公司成立还不到一年，就已经雇用了专门的法律顾问和品牌经理，这些高级经理手下还有各级经理。原本应该以小而灵活见长的网络公司，却采用了类似于旧经济中大公司层级制的管理系统，难免导致沟通障碍，而且大大增加了开支。"苏珊·楷说。

于是苏珊·楷说决定尽量把自己的公司保持在小规模。联系亚洲一共有 7 个频道，但是工作人员只有 7 个人。"我们中的不少人可以既做市场营销，又写作、编辑，还同时嚼着口香糖。"苏珊·楷说。

一专多能在那些新兴的小网络公司中颇为普遍。中国萌芽的王晓宁原来一直从事的是市场营销工作，但现在她是网站的栏目主持人、编辑，还充当网页设计师。"请一个程序员一小时 200 美元，我现在采用简单的软件，自己就能随时更新网页。"王晓宁说。

通过坚持降低成本，在大型网络公司纷纷倒闭的今天，仍然有成千上万的小公司取得了成功。中国萌芽的启动资金只有 6000 美元，绝大部分花在了王晓宁联系供货商的中国之旅上，这家小公司发展颇为迅速，2000 年的销售额达到了 10 万美元，而商品的种类也从 100 多个扩大到了 900 多个，并从去年开始赢利。

与悄然萌发的中国萌芽相对照的是，很多大吹大擂地进入市场的网络公司最终却难逃倒闭的厄运。"我看到过很多网络公司，它们都有非常棒的点子，但是它们花钱实在太多，以至于在下一轮融资尚未开始前就都垮掉了。"

说到底，网络公司也是公司，它要盈利，也要考虑成本，不管你多有钱，明智地花好每一分钱并努力降低成本，才可能成为最后的赢家。也许，不论面临的是新经济还是旧经济，我们都不应该忘记经济学家E·F·舒马赫几十年前的论断：小的是美好的。

因为规模小，所以每一个人都有可能被有效利用，做到人尽其才；因为规模小，小公司不像大公司那样做大规模的广告宣传（其实做大量的广告就意味着花大量的钱）；因为规模小，所以小公司极力降低自己的成本，而大公司却因为很容易融资，便花钱如流水。正是小公司这种种优于大公司的举措，才使它不仅可以逃避风险，还可以继续发展。

事实上，小公司没有大公司那种等级森严、机构臃肿的情况，大公司往往容易出现尾大不掉的局面，而小公司却总以灵活见长。不要再以为大就有什么了不起，"小的也是美好的"，能充分利用自己的小，就是再好不过的金点子。

第四章

准备充分者

——示假隐真赚到钱

有的人认为赚钱难，而有些人又觉得赚钱简单，要善于摸索规律、运用规律，做生意时不能不用的一些小计谋，赚钱对你来说也就不那么难了。

用自己人当假对手

当自己的对手找到一个新的据点，准备吸引市场注意、对我们进行攻击的时候，我们不妨安排自己人也占住新据点，表面上看，那也是我们的对手，而实际上，这种半导半演的"三国混战"只是为了均分市场的注意力，市场的注意力分散了，自然也就削弱了对手原先的"新品牌"优势。

善于交流与合作，善于引导人去思考，善于用逻辑的力量和行动让人信服，这就是交流与合作的能力。在交流与合作能力中有一条重要的"白金法则"，它是依据古老的"黄金定律"演绎而成的，它能够很好地调整人际关系的秩序。其意旨是："别人希望你怎么对待他们，你就怎么对待他们。"

专门培养领导人才的大师斯蒂劳·柯维也指出："你希望别人怎么待你，你就怎么待别人。"对于21世纪的人们来说要使自己或组织常立于不败之地的关键和有助于改善人际关系的诀窍就在于遵循"白金法则"。

简单地说，就是学会真正了解他人，然后以他们认为最好的方式对待他们，而不是我们中意的方式。这一点意味着善于花些时间去观察和分析我们身边的人，然后调整我们自己的行为，以便在交往中让他们觉得更称心和自在。它还意味着要运用我们的知识和才能去使他人过得轻松、舒畅，这才是"白金法则"的精髓所在。

"白金法则"在几乎任何人际关系的问题上都能助你一臂之力，它是打开人生凯旋之门的一把金钥匙。

商场竞争，对手的强大最令人担忧。于是，分化和瓦解对手便是很重要的事了。高明的人为了不两败俱伤，总是维持一个不致要命的对手，或树立一个由自己掌控的假想敌人，分散对手和公众的注意力。

"不好了！不好了！"业务部经理跑进王厂长办公室："听说有人跟我们打对台。我们的产品是非降价不可了！"

"为什么？"

"听说他们做的东西，分量更重，价钱还比我们的产品便宜，又说是新口味。"

"新口味又怎么样？"王厂长说："我们不能降价！否则人家会说以前暴利，损伤了我们的信誉。而且，新口味他们会做，我们就不会做吗？把广告代理找来！"

"我们除了以前的产品不变，现在要再出两种新口味，你给我去设计广告，说是革命性的产品，包装新、分量重、口味独特、价钱便宜。"厂长对广告代理说，"而且下个月就要上市。"

"下个月？"在旁边的业务经理吓一跳："我们赶得及吗？"

"当然赶得及。"王厂长笑道，"我就不信那家新厂，能争得过！"

突然，市面上出现了第三种新零食。每天摊开报纸，打开电视，看到的全是与此有关的广告。

小孩子们看得眼花缭乱，吵着要吃新口味的。

原来垄断市场的产品，销量一下子跌了2/3，那2/3全被第三种新产品包了。不久，那家新厂便倒闭了。

"我就知道他撑不了多久！"王厂长在庆功宴上哈哈大笑："我用现成的设备、现成的厂房、现成的员工、现成的管道，只是加点新佐料，放进新包装，换个新名字，就把它打垮了！听说小孩都吃上瘾了，对不对？"说着，王厂长把业务经理叫了过来，小声说："下个月，可以研究，小小涨一点价。"接着对大家举杯：

"来！来！来！大家一起来！谁不会做新产品？大家一起来！"

让对方只看到你最强大的一面

当你做生意时，只有一点点资本，而又想做成大买卖时，可以把所有的"资本"全集中在一个点上，让对方"管中窥豹——只见一斑"，从你某一点上的强大，对你的整体实力产生错误的评价，以此使对方仰视你，愿意和你做生意。

　　日本的山下就是这样起家的。70多年前，日本神户新开了一家经营煤炭的福松商会，经理便是少年得志的松水左卫门。开张不久的一天，商会来了一个当时神户最出名的西村豪华饭店的侍者，他送给松水一封信，上书"松水老板敬启"，下款"山下龟三郎拜"，内称："鄙人是横滨的煤炭商，承蒙福泽桃介（松水父亲的老友，借了巨资给松水做商会的开办费）先生的部下秋原介绍，欣闻您在神户经营煤炭，请多关照。为表敬意，今晚鄙人在西村饭店聊备薄宴，恭候大驾，不胜荣幸。"

　　当晚，松水一踏进西村饭店就受到热情款待，山下龟三郎毕恭毕敬，使得松水不免飘飘然。

　　酒宴进行中，山下提出了自己的恳求："安治有一家相当大的煤炭零售店，信誉很好，老板阿郎君是我的老顾客。如果松水先生能信任我，愿意让我为您效劳，通过我将贵商会的煤炭卖给阿郎君，他一定乐于接受。贵商会肯定会从中得利。我呢，只要一点佣金就行了。不知先生意下如何？"

　　松水一听，心里马上盘算起来。没等他开口，山下就把女招待叫来，请她帮忙买些神户的特产瓦形煎饼来。并当着松水的面，从怀里掏出一大沓大面额钞票，随手交给女招待，并另外多抽出一张作为小费。

　　松水看着那一大沓钞票，暗暗吃惊。眼前的这一切，使他眼花缭乱。稍稍镇定了，便对山下说："山下先生，我可以考虑接受你的请求。"

　　稍事谈判后，松水便与山下签下了合同。

　　丰盛的晚宴后，松水一离开，山下便马上赶到车站，搭上末班车回横滨去了，西村饭店这样高的消费，哪是山下所能承受的？

他那一大沓钞票，其实只是他以横滨那不景气的煤炭店做抵押，临时向银行借来的；介绍信则是在了解了福泽、秋源与松水的关系后，借口向福松商会购买煤炭，请秋原写的；然后，山下又利用豪华气派的西村饭店做舞台，成功地上演了一出戏。

从那以后，山下一文不花，从福松商会得到煤炭，再转卖到中部，从中大获其利。

业务介绍信、饭店里设宴谈生意、给招待员小费，这些都是日本商界中司空见惯的。山下就是利用这些极为平常的小事，显示自己拥有雄厚的实力，隐藏自己没有资金做煤炭生意的事实，从而达到了自己的目的。年轻的松水，被山下诚恳恭敬、热情招待和慷慨大方所迷惑，轻信了山下。

吃不着的才是最好的

当商家在满足客户各种各样的需求后，仍不能激起消费者的购买欲望而无奈时，却有人根本不去理会这一套，他们在产品上市之前，便刻意制造一种极神秘的氛围，吊足了大家的胃口，等到产品上市后，消费者早已是迫不及待了。如此的点子，与那些只知一味去满足顾客的商家比起来，就显得更胜一筹了。

　　钟平良是一个台湾青年，20岁之前家里几乎一贫如洗，一家三口每月的开支全靠父亲那可怜的200元工资来维持。面对家里穷困的现状，钟平良从小就立志要做一个有钱人。高中毕业后，他没有继续上大学，而是来到一家汽车修理厂当了一名学徒工。后来，积累了两年修理经验的他自己开了一家修理厂。

　　由于钟平良的服务质量特别好，他修理厂的生意一天比一天火。

　　按理，他可以在这条道路上继续走下去，全家的开支也不用担忧了，但他不是一个这么容易就满足的人，他的理想是干一番大的事业，拥有一家自己的汽车制造厂。正是在这一理念的驱动下，1984年8月，他放弃了生意蒸蒸日上的汽车修理厂，招聘了几个技术人员，搞起了汽车研发，然而两年下来，在几乎耗尽了所有积蓄之后，他们仍然没有研发出一辆成型的汽车。在这种情况下，钟平良觉得自己有点不知天高地厚，如果继续下去，可能会亏得血本无归。经过了近一个月的思索之后，他做了一个决定：退而求其次，研发技术含量比汽车低的摩托车。又一个两年过去了，这一次的结果和前一次不同：他不仅研发出了属于自己的摩托车，而且性能还不错，他将自己的产品命名为"野狼125"。

　　为了将"野狼125"尽快投入市场，钟平良找了一个合作商对其投资并进行大量生产。

　　在摩托车上市之前，他慎之又慎。因为作为一名生意人，他深深懂得一种产品能否拥有市场，关键在于消费者能否接受。在当时，台湾的摩托车产品不下10种，销售市场竞争十分激烈，如何出奇制胜地打开市场是至关重要的一环。

好的方法不是没有，关键是要善于思考和发现。不错，钟平良在和企划部的人员经过了数天的研讨之后，终于想出了一计高招——"吊人胃口"。按计划，"野狼125"摩托车在当年4月1日这一天全面上市。

为了制造一种神秘感，以引起人们的普遍关注，3月25日，公司不惜重金，在各重要路口的巨型广告牌上刊登出一幅幅别出心裁的图文广告：一幅"野狼125"摩托车的幽默漫画，一句令你摸不着头脑的广告词："今天不卖摩托车，请您稍候6天，买摩托车您必须慎重考虑。有一款您意想不到的好车就要来了。"

人们看了这幅既没标明厂家，又没标明品牌的幽默漫画式的摩托车广告，大惑不解，都在猜测这是哪一个厂家生产的一部什么样的摩托车呢？

人们的胃口真的被吊了起来。3月26日，"野狼125"摩托车的幽默漫画广告继续在巨型广告牌上刊出，不过广告词改了，改成了6个字："请您稍候5天。"

3月27日，巨型广告仍继续刊出，不过广告词又改了，改成了4个字："稍候4天。"

3月28日，广告词变成了5个字："请再等3天。"并提醒人们："要买摩托车，您必须考虑到外观、耗油、动力以及省油、耐用等。这一部与众不同的好车就要来了。"人们的胃口这下子被吊得更高了，都互相打听它到底是哪一家公司的产品，真的与众不同吗？

第二天，广告词变成了7个字："请您再等候两天。"并配了解说词：

"让您久等的这部外形、马力、省油、耐用度都能令您满意的新款'野狼 125'摩托车就要来了。"此时，人们欲一睹"野狼 125"摩托车丰采的欲望被彻底激发起来了。

3月31日，"野狼"最后还要卖个关子，广告词改为："对不起，让您久候的'野狼 125'摩托车，明天就要与您见面了。"

第二天，真是"千呼万唤始出来"啊！一辆辆崭新的"野狼 125"摩托车披红挂绿地出现在各大商场。前来观看和购买的人摩肩接踵，络绎不绝。"野狼 125"的市场开拓得不错，并成为畅销产品，连续 5 年，其销售量位居台湾众多摩托车之首。钟平良也成了台湾商界的传奇人物。

人们似乎都是这样，越是自己所拥有的，就越不懂得去珍惜。相反地，对于那些吃不着的东西，人们反而越想去吃。当胃口被吊足，你再把东西放到他眼前时，他会毫不犹豫地去接受。这样的做法已经为那些成熟的商业运作者所广泛运用，如前一段时间的《十面埋伏》的热播，都是这一点子运用的典范。

先充胖子再成为胖子

用"肿脸"来蒙蔽别人绝非奸邪之人的专利，它亦可用于达成好事。

在做生意的时候，人们都有各自明确的利益追求，交往的双方为了达成各自的利益，可以互惠互动，互相呼应。但有时，交际目的过于显露了，反而会有碍合作，不利于交际目的实现。这就需要隐蔽交际目的。

某陶瓷厂给酒厂生产包装瓶，原定价每只两元，在准备签订下年合同时，陶瓷厂考虑到原材料涨价等因素，准备调高酒瓶价格，但又怕酒厂不接受，经过一番谋划，陶瓷厂向酒厂展开了攻势："由于订货的厂家太多，货量过大，我厂投入原料也大幅激增，所以目前流动资金出现了不足。贵厂必须预付下年1/3的货款。否则，生产难以保证，耽误供瓶计划，将给贵厂生产带来影响。"

酒厂当然不愿一下子支付大笔的预付款。经过数次的商谈，最后陶瓷厂做出了让步：不支付预付款，只好考虑适当地提高酒瓶价格。结果陶瓷厂如愿以偿了。

同样的方法，有一年被用在了某知名酒节上，外省某经贸公司与贵州一家酒厂谈判，该酒厂也成功地运用了这个办法因此而获得成功。该公司欲订购白酒10吨。但贵州的好酒如林，名酒如云，顾客竞争相当激烈，究竟订哪家的，委实举棋难定。

他们在与这家酒厂的洽谈间，对这么一宗大生意，厂家掩藏起内心的兴奋，平静而又抱歉地说："对不起，我们今年的货早已订完了。已开始订明年的。如果你们需要，我们设法给你们安排明年早一些的。"听了这番话，公司当然大出意外："是吗？前天你们还在大拉客户哪！"厂家随即摆出一副赤诚姿态，"商场如战场嘛，你们是聪明人，会不懂？那是我们的一种策略。众所周知，我们的酒是根本用不着'拉'的；更何况过了一天，情况还会不变？这不，今天一清早，广东一家公司才将今年的最后一批 10 吨全部订完。你们可以去问问他们嘛！"这样一说果真有效，公司有些急了，"是的，听说你们的酒好，我们才慕名而来。我们来一趟也不容易，能不能通融一下，先匀给我们一些？"厂家故作难状。公司更加着急，好话说了一大堆。厂家这才以关怀、同情的口吻说道："既然你们要与我们长期合作，考虑到我们的长远利益，我们可以给其他客户做做工作，每家匀出一点，给你们凑足 10 吨。"公司大喜。

　　除了故意装出自己厂的产品分外畅销、形势一片大好外，上面的两则案例还能给我们这样的启示：在谈判的时候，可以利用人们对共同点早有的认同心理，站到对手的角度上，设身处地地为对手的利益说话，使对手感到自己是为他好，双方的利益是一致的。并适当使用一些缓解对方警惕性的言语。如古代诸葛亮的"事须三思，免致后悔"；现代社会诸如"考虑到我们双方的利益"、"这是人人皆知的"、"早就如此"、"聪明的人都会这样做"之类。

　　如此，对手的防线最终会崩溃，自觉不自觉地会相信你虚拟的情况。

错过一次机会，就可能错过一辈子的财富

　　有人说，当运气来临的时候你挡都挡不住。如果真的是这样的话，

就不会有那么多后悔的事了，也不会有"坐失良机"一说了。正如台湾著名作家林清玄所说的："有的事情，你错过了一回，就错过了一辈子。"

在个人的一生中，总会有许多运气与变化，这些运气与变化，往往改变人一生的命运，而有时候是否能够抓住一个机会，则可能会成为改变他一生命运的关键之点。

有两个年轻人，同时看到一则投资广告，内容是说某公司研制成功一种新产品，需要批量生产，但资金有限，急需有人加盟合作等。两个青年人都是刚走上工作岗位不久，都是一无所有，甲青年认为自己没有资金，无法投资，希望自己现在努力赚钱，等日后有机会再来投资；乙青年虽然也是两手空空，但他意识到这是一个绝佳的好机会，所以他想方设法四处借钱，凑够了资金，成为该公司的合伙人。几年之后，他不仅还清了所借的款项，还获得了额外的利润，并成为该公司的股东。随着公司的逐渐壮大，他也开始发财致富，而甲青年虽然在几年之后赚了一些钱，但是仍然过着最普通的日子。

人生有一半掌握在上帝那里，另一半攥在自己的手中，要想获得成功与财富，就必须不断地用你手中的这一半去更多地代替上帝掌握的那一部分，换句话说，弱者等待机会，而强者创造机会。

夏宾说过："优秀的人不会等待机会的到来，而是寻找并抓住机会，把握机会，征服机会，让机会成为服务于他的奴仆。"如果你等待机会从天而降，落到你的面前，不如变被动为主动，自己去寻找或创造机会，以实现自己的成功梦想。

软弱的人、犹豫不决的人总是借口说没有机会，他们在遇到失败时，总会把责任推卸掉，拿自己运气不好来开脱，或是说自己没有办法，因为没有遇到成功的良机。其实，每个人生活中的每时每刻都充满了机会，生活中的每一件小事都是一次展示你的优雅与礼貌、果断与勇气的机会，而正是这些不起眼的、小小的机会将最终给你带来使你获得巨大成功的大机会。

马其顿国王亚历山大大帝在一次战争取得胜利之后，有人问他，假若有机会，他想不想把第二个城市攻占。"什么？"他怒吼起来，"机会！我制造机会！"

这句"我制造机会"道出了马其顿国王亚历山大大帝取得成功的原因。世界上到处需要而又缺少的，正是那些能够制造机会的人。有的人只会坐着不动，祈求上苍给他机会，让他时来运转，但是对于那些能够寻找并制造机会的人来说，他们把命运掌握在自己手里，并持之以恒地努力奋斗，最终获得了他们想要的。

亚伯拉罕·林肯出生在一所简陋的木头房子里，这座房子四面透风，远离学校，但是林肯创造一切可能的机会来看书学习。他想上学，每天就步行150千米，到一个算是最近的简陋学校中去。他没有书读，就在荒野中跋涉80千米，去借书来读。后来林肯因家境贫困，仅上了不满一年的学，就辍学去工作了，在艰苦劳累了一天的晚上，借着木柴的火光，仍然继续坚持学习，后来他终于取得了非凡的成就，成为美国最伟大的总统之一。

在没有机会读书的情况下，林肯不断地创造机会来读书，并且最终都如愿以偿。然而，在我们的现实生活中，等待机会以至成为习惯的人并不少见。创造力的发挥、工作的热忱和精力，都在这种等待中消失了。对于那些不肯踏实工作而只会胡思乱想的人，机会是可望而不可即的。其实，运气是可以去创造的，与其哀叹运气与自己无缘，不如奋起去努力制造成功的机会。

卡耐基的自传中有这样一个故事：他的朋友亨利在 15 岁时，有一天向他的哥哥借了 25 美分，前去报社刊登广告，第二天的报纸广告栏出现了一行字："做事认真、勤奋苦干的少年求职。"当天就有著名的比达韦尔公司经理写信来，叫他一两天内前去会面。

亨利一到就被雇用，做了服务生，虽然工资很低，让人指使来指使去，但他永远挂着一脸微笑，从来不显露一点不愉快的样子，同时，对于别人的工作也极力帮忙，积极地学习，常常一天工作 15 个小时。这样的勤奋和苦干，很快就被大家另眼相看。他以平凡认真的态度获得了董事长的垂青，5 年后，他 20 岁时，董事长就资助他开了一家制铁工厂。

后来成为千万富翁的亨利总是这样自动地、积极地创造运气，开拓自己的命运。这说明每一个人只要有毅力，有实现目标的奋斗精神，就有获得成功的可能。如果你把自己的前途与命运寄希望于"不知哪一天从天而降的好运"，那么也许等到你白发苍苍时还两手空空。

一个人的能力是有限的，但只要集中在一点上，专注于自己的优势作坚持不懈的努力，是能够取得成功的。有的人一遇挫折就退缩、抱怨，说他们无法获得良好的环境，无法把自己的才能很好地发挥出来，这样抱怨、叹息是毫无用处、毫无意义的。

打破禁忌，创造财富

皮尔·卡丹，一个服装世界极负盛名的品牌。那么，它是如何取得如此的骄人成绩，它的制胜之道是什么？那就是它的别出心裁。

事实证明人们都有猎奇的心理，只有新奇的东西才能吸引更多人的眼球，皮尔·卡丹正是用他出奇的设计之手，制造了一次又一次的轰动。

第二次世界大战后的法国，经济迅速复苏，大批妇女冲出家庭的藩篱，融入社会生活之中，整个欧洲社会消费大增。卡丹想：如果能将自己设计的服装大批生产，市场前景将会不可估量。卡丹本来就是极聪明的人，他怎能放过这一商机？他毅然提出了"成衣大众化"的口号，把设计重点放在一般消费者身上，让更多的妇女和男士买得起、穿得上。

不久，卡丹源源不断地推出了一系列风格高雅、质料适度的成衣，这些物美价廉的服装深受广大消费者的欢迎，卡丹时装店天天门庭若市。

"成衣大众化"在商战中是出奇制胜的妙计，而在服装界则是一种创造性的革命。

卡丹的这一大胆创举，惹怒了保守而嫉妒的同行，他们群起而攻之，说他离经叛道，有伤风化，联手欲将卡丹逐出巴黎时装界。

面对世俗的偏见、同行的嫉妒，卡丹没有屈服退缩，而是我行我素，一次又一次使用奇招妙计，攻克和占领时装市场的一个又一个阵地。

在卡丹之前，法国时装可以说是女人的领地，根本没有男人的一席之地。这是法国数年时装历史一直维持着的传统，谁也没想过变更，卡丹却从此处找到了开拓市场的缺口。于是，他继"成衣大众化"之后，又掀起一股男性时装的旋风。不久，在那些被女性时装长期垄断的橱窗，开始出现充满阳刚之美的男性高级时装。

紧接着，卡丹又把开拓市场的目光转向了童装，他的系列童装一问世，就迅速占领了整个欧洲市场。他所设计的童装怪诞离奇，富于幻想，仿佛在为儿童世界演绎着一个个神话和梦想。这不仅打破了传统童装单调、平淡的陈旧样式，而且使落后的法国童装与高级时装一起走向了国际市场。

尔后，卡丹又推出一系列妇女秋季套装，以款式新颖、料质柔滑、做工精细而成为年轻太太、时髦女郎的抢手货，并再一次轰动整个巴黎。

卡丹不仅在服装领域里出奇制胜，而且在企业经营管理方面也奇招迭出。

他首先在法国倡导转让设计和商标，利润提成7%至10%的经营方式。打破了服装行业长期一成不变的呆板经营局面，推动了法国服装产量的增长，而且将法国服装设计艺术推向一个高潮。

1962年，法国服装行会在所有会员的要求下，请卡丹出任行会的主席。

他还先后3次获得法国时装的最高荣誉大奖——金顶针奖。这一大奖对一个时装设计师来讲，就像电影奥斯卡金奖或学术界的诺贝尔奖一样，代表至高无上的荣誉。而今，皮尔·卡丹的名字可以和法国的埃菲尔铁塔齐名，被视为法国的骄傲。

欲擒故纵，使人自动积极消费

想赚取更多的利润，只要把握了商机，现在不妨做赔本生意，吉列就是在把握住商机之后，欲擒故纵，先无偿给予，让你而后主动送金上门。

正是吉列发明的小小的剃须刀，使得世界上所有的男人改变了剃须的方式。在这个小小刀片的包装上，吉列用他留满胡须的脸当做商标，随同他的刀片一块卖到世界各地，他的脸因此被人们称为"世界上最有名气的一张脸"。

吉列也正是因为这种小小的刀片而成为一名大富翁。

但吉列的成功不是一帆风顺的，1902 年，吉列开始批量生产自己研制出来的新型剃须刀。可没想到，这种产品却遭到滞销。在一年的时间里，吉列总共才销出刀架 51 个、刀片 168 片。

面对这样的销路，吉列一度百思不得其解。后来，他经过反复的思考，发现了新型剃须刀滞销的症结：

第一、人们喜欢保持自己往日的习惯；

第二、人们对这种新型剃须刀的优点还不了解；

第三、自从产品问世以后，自己并没有及时研制出一种廉价、方便、"用完以后即扔"的产品出来。

根据这三点，吉列采取了两个步骤：把新型剃须刀作为一种"用完即扔"的产品来看待。因为当初自己把刀柄和刀片分开设计就是出于这样的认识。

刀柄坚固耐用，买一个可以用几年，刀片则为一次性产品，可以灵活更换。如果把刀柄大幅度削价，而从刀片上挣钱，不就解决了价格高的问题了吗？再进一步，把刀柄赠送给人们无偿使用，人们购买刀片的积极性不就会进一步提高了吗？

于是，吉列果断做出决定：凡是购买新型剃须刀片的，一律免费赠送刀柄。这一措施推出后，公司的销售额果然呈直线上升。长期从事推销员工作使吉列清醒地认识到，新产品的功能再好，如果没有进行到位的宣传，产品也可能滞销，所以，吉列同时还加大了对新产品的宣传力度。

经过8年的不断努力，吉列的安全剃须刀终于在美国广大消费者心中占据了一席之地——人们习惯地根据其形状，称其为"T型剃须刀"。正当吉列满怀信心，准备进一步扩大生产规模和拓宽销售市场的时候，第一次世界大战爆发了。

战争初期，美国采取了"坐山观虎斗"的中立政策，仍然同交战双方做生意，向交战双方出售军火，牟取暴利。1914年，美国商品输出额只是23亿美元，两年以后竟然增至到43亿美元。对外贸易的增长，不仅使资本家大发战争财，而且刺激了国内生产水涨船高，吉列的剃须刀事业也获得了长足的发展。

战争期间，美国的钢铁、武器、汽车等工业部门都得到迅速发展，在这种形势下，吉列生产的剃须刀所使用的原材料价格也有所下调。这样，吉列的剃须刀在市场上有了更大的竞争力。

随着战争的不断升级，吉列公司的生产规模也在不断扩大，销售形势如火如荼，吉列赚钱的机会越来越多。1917 年，美国放弃"中立"，向德、奥宣战。当美国士兵源源不断向欧洲战场开拔的时候，吉列的剃须刀也随之走进每个士兵的背包之中。

美国派兵对德、奥作战，这是其历史上第一次较大规模地向海外派遣军队。

为了向世人展示美国军队的整齐与威严，美国政府特别重视士兵的军容和仪表——整理仪表，士兵们就需要剃须刀，而传统的剃须刀需要使用磨刀的皮条和磨刀石，并且放在行囊中也很占位置，还常常让人刮破脸——只有吉列的剃须刀可避免上述麻烦，所以吉列剃须刀很受士兵们的欢迎。

吉列抓住这个大好时机，和政府达成协议，以特别优惠的价格大批量向政府提供安全剃须刀，通过政府发给每一位士兵。这样一来，新型剃须刀顺利地成为每个美国士兵的必备品。

吉列的举动不仅成倍地增加了公司产品的销售量，更重要的是固定了特定和潜在的消费群——战争期间，士兵们保持着刮胡须的习惯，战争结束后，他们将这种习惯带回国内，影响着周围的人，使用新型剃须刀的人越来越多，吉列剃须刀对人们生活产生的影响也就越来越大。

"给你一盏灯，你就会不断买我的油。"市场培育了，需求增加了，你还怕没钱赚吗？

第五章

肯舍小利者

——舍小『甜头』赚到钱

许多事作为一个旁观者看来常觉得高深莫测，赚钱就是这样。实际上你只要找到窍门，就能顿悟而立地成"商"。运用"甜头"的技巧就是这样一个做生意的窍门。

小"甜头"换来大利益

物美价廉的商品，通常能够吸引更多顾客的视线。为了招徕更多的顾客，许多商家不惜暂时牺牲自己的利益，将商品的价格降到最低，"骗"到了顾客的青睐和信任之后，自己的商品也就不愁客源了。

美国加州的一位年轻人，就是用小"甜头"这样一种手段，让自己的生意如滚雪球般越做越大的。

美国的加州萨克拉门多有一位青年名叫 FDT。他由于家境贫困，从小便到处打工，省吃俭用，到 25 岁时却也攒下了少许钱，开始做家庭用品的通信贩卖。

他聪明地在一流的妇女杂志上刊载他的"1 美元商品"广告，所登的都是有名的大厂商的制品，而且都是实用的，其中 20% 的商品的进货价格超出 1 美元，60% 的进货价格刚好是 1 美元。所以杂志一刊登出来，订货单就像雪片似的飞来，他忙得喘不过气来。

他并没有什么资金，这种做法也不需什么资金，客户汇款一来，他就用收来的钱去买货就行了。当然，汇款越多，他的亏损就越多。但他并不傻，在寄商品给顾客时，再附带寄去20种3美金以上、100美金以下的商品目录和图解说明，再附一张空白汇款单。

这样，虽然1美元商品有些亏损，但是他是以小金额商品亏损来买大量顾客的"安全感"和"信用"的。顾客就会在充分信任的心情之下向他买价格较高的昂贵东西了。就这样，昂贵的商品不仅可以弥补1美元商品所带来的亏损，而且可以获得很大的利润。

他的这种以小鱼钓大鱼的经商法，真是有惊人的效果。他的生意就像滚雪球一样越做越大，1年以后，他开设了FDT邮购公司。又过了3年，他雇用了50多位员工，公司在1974年的销售额多达5000万美元。

俾斯麦曾经说过："当我放鹿，我不射杀第一头母鹿的时候，我是在等一群鹿都围过来。"做生意也要有这种精神，一个企业要想广销自己的商品，获得更多的利润，就必须吸引足够的顾客，这时候，适当地"骗"取顾客的安全感就显得相当必要了，只不过这种"骗"是付出代价的，你要有舍小取大的勇气才行。

替顾客省钱，为自己赚钱

别人的钱花起来总是感觉不怎么心疼，因为那是别人的嘛。许多公司的做法也与此类似，因为是客户掏钱而非自己，但有一家公司却是例外，他们把客人的钱包当做是自己的钱包，时时刻刻想着给客人省钱。就这样，公司在世界范围内都赢得了好名声。

寇克旅游公司是美国人寇克开办的一家旅游业公司。寇克曾说："虽然观光旅行是花钱的玩意，但作为一个旅行事业的经营者，一定要把客人的钱包当做自己的钱包。替他们能省一分就省一分。万万不可因为他们不熟悉外地的情形，而胡乱开价，拿他们当冤大头。"

他所说的这句话，一直被这一行业的人奉为金科玉律，他的公司也以此作为宗旨，在开拓各项旅游业务的同时，不断提高服务质量，从而最大限度地满足各层次顾客的要求。

一个真正的企业家，他的经营方针或多或少都有个远大的目标。这一远大的目标，不是以赚钱为目的，而是要完成他心中长久以来形成的抱负，换言之，这些企业家们虽然开始时是以利己为出发点，但最终的境界却是利人的。

1851 年，正值在伦敦水晶宫举行世界博览会，寇克抓住这个机会，想大大地做一笔生意，只是感到人手不够，于是寇克就让儿子充当他的得力助手。这次的博览会，寇克父子公司总共带去 15.6 万多名参观者。他儿子负责在伦敦的接待工作，替客人安排交通工具、住宿，做得有条不紊，使客人感到没有一点不方便的地方。每批客人在去博览会之前，小寇克都扼要地把值得看的东西说明一遍，而且把参观路线印成小册子，每位游客发一本，好让他们在参观时"按图索骥"。另外，小寇克为每位游客准备一顿廉价的午餐，以减轻他们的经济负担。因为博览会里面的饮食出奇的高，虽然去的人并不一定在乎，但能省钱总是令人高兴的。

这些服务，对现代的旅行社来说，已算不得什么特别措施，但在那个保守的时代，这些措施是很新的创举，而且也符合了寇克的经营原则："尽可能地使客人方便舒适；尽可能地替客人省钱。"

4 年之后，博览会在巴黎举行，寇克一次买下了 40 万张票，后来游客太多，他又增订 10 万张。仅仅 4 年的时间，他代理的游客增加了 3 倍还多，这一增长率实在是够惊人的。

由于寇克的做法处处为旅客省钱，并能使旅客感到新奇，不到几年的时间，寇克父子公司不仅在美国声名鹊起，就是在世界各地也逐渐建立起好的名声。

其实，不管是为客户省钱，还是为客户寻找贸易机会，这都是优质服务的体现。作为一个旅游公司的创始人，寇克从旅客的角度出发，替旅客考虑，为旅客着想，并订立一系列服务原则作为公司服务的宗旨，坚持不断地贯彻实施，从而使该公司在现今仍能在国际旅游业中处于领先地位。寇克曾经说："我们要把所有委托本公司代理的旅客都当做即将出远门的朋友，只要根据这种精神去做，寇克公司才永远不会被别人取代。"

创立一个互动的平台引导消费

欺瞒消费者的做法往往得不偿失，懂得放眼长远的商家就不这么做。相反，他们尽量向消费者提供关于产品、价格、功能等方面的全部真实信息，丰富而透明，以使顾客在充分掌握这些信息的前提下，做出完全自主的购物选择。同时，他们为顾客创立了一个互动的平台，或者让顾客参与到交易（甚至是设计）的每一个环节中，通过这样的方式一方面展示产品，另一方面也让顾客乐在其中。

一段时期以来，一部分生产者及销售商往往不能或不愿向顾客提供关于产品的全部真实信息，或弄虚作假，把关于本产品的真实信息掩藏起来，却提供一些精心编造的虚假信息来糊弄、坑骗消费者；或避重就轻，避实就虚，隐瞒产品的重大缺陷，也不说明产品有限的实际功能，却大肆宣扬消费者无法检测、难以验证的"特殊功能"；再不就是概而括之，大而化之，几句话敷衍了事，不痛不痒，无关紧要。宜家家居反其道而行之，取得了不同凡响的成功，可说是念足了"互动"这个生意经。在这方面，"宜家家居"堪称典范。

宜家家居，瑞典家居用品零售集团，已有56年历史，在全世界29个国家的各大城市——如纽约、巴黎、悉尼、斯德哥尔摩拥有150个商场（在中国的北京、上海各有一个）。如今，宜家已成为世界上最大的家居用品公司，商品品种多达11000种。宜家的所有产品都在瑞典开发、设计，以美观、优质、实用而闻名于世。自家组织生产已设计好的产品时，会首先考虑一个合理的价格，然后选择优质原材料，并且在全球范围内挑选技术熟练的供应商与宜家设计师合作，按照这个价格或低于这个价格组织生产。这种"物美价廉"的思想和方法包含在宜家商场的每件家具和产品设计之中。

　　宜家总是大批量采购，因此享受到优惠的采购价格，从而降低销售价格。宜家的产品采用平板式包装，节省了运输空间，大大降低了开支，同时又不影响商品质量。

　　在宜家购物，你可以通过自己动手来省钱——自己选购、自己运送回家和自己组装家具。也可以预约宜家的室内装饰建筑师、设计师和厨房设计人员等，请他们帮助你设计新房，或提出改造旧居的建议。

　　轻松、自在的购物氛围是全球 150 家宜家商场的共同特征。宜家鼓励顾客在卖场"拉开抽屉，打开柜门，在地毯上走走，或者试一试床和沙发是否坚固。这样，你会发现在宜家沙发上休息有多么舒服。"如果你需要帮助，可以向店员说一声，但除非你要求店员帮助，否则宜家店员不会打扰你，以便让你静心浏览，轻松、自在地逛商场和做出购物决定。

　　在宜家，用于对商品进行检测的测试器总是非常引人注目。在厨房用品区，宜家出售的橱柜从摆进卖场的第一天就开始接受测试器的测试，橱柜的柜门和抽屉不停地开、关着，数码计数器显示了门及抽屉可承受开关的次数：至今已有 209440 次。你相信吗？即使它经过了 35 年、26 万次的开和关，橱柜门仍能像今天一样地正常工作！跟一般家具店动辄在沙发、席梦思床上标出"样品勿坐"的警告相反，在宜家，所有能坐的商品，顾客无一不可坐上去试试感觉。周末客流量大的时候，宜家沙发区的长沙发上几乎坐满了人。宜家出售的"桑德伯"沙发、"高利可斯达"餐椅的展示处还特意提示顾客："请坐上去感觉一下，它是多么的舒服！"

　　每个顾客在做出购物决定之前，如果对所购商品的特性一无所知，那么他肯定就会感到手足无措；反之，如果他所掌握的商品信息越全面、越真实，他就越容易做出购买决定。宜家的做法，与戴尔计算机公司可谓异曲同工。戴尔将触角直接伸到了电脑最终用户那里，使用户能根据自己的需求配置自己的计算机，然后直接从厂家订购，因此它出售的几乎都是定做的、完全符合用户要求的产品。而宜家所倡导的"宜家做一部分（大批量采购以降低价格、平板式包装以降低开支）、你自己做一部分（自己选购、自己运送回家和自己组装家具）"的购物方式，也能使顾客找到自己需要的一切，布置一个真正属于自己的舒适雅致的家。

宜家与顾客的互动的做法与那些掩饰自己缺点的商家比起来显得高明了许多。它让顾客去亲身体验，并且把自己的产品摆出来接受检验，还与同类型产品作对比，通过实实在在的比较，顾客自然会知道孰优孰劣。

"宜家"告诉你，如果你是最好的，就不要害怕让顾客知道，顾客知道得越多，就会更加信赖和喜爱你。但如果你做得还不够好，那么你仍有两条路可走：一是努力做得更好，并让顾客知道这一点；二是从顾客面前消失，或者坐等他们全部从你面前消失。

制造流行，生意好做

原本是过时的花色，但假如它与当地的贵妇挂钩在一起，借贵妇之

"威",这布料的身价就非比一般了。妇人都有攀比的心理,谁的衣饰独一无二,谁就似乎拥有了全世界的荣耀,这种感觉让女士们乐此不疲。小贩洞察玄机,算是"借"到了点子上。这样做生意简单吗?赚钱吗?答案不言而喻。

萨耶是一家布料店的老板,近来生意不太好,许多过时的布料成了滞销品。他愁眉不展,苦苦冥思着怎样把积压的布匹卖出去。

萨耶的妻子从外面买了块与他店里间同样花色的一块布料回来。他很惊讶,他想不出自己卖不出去的产品怎么人家就能卖出?这明明是一款过时的花色,怎么深受这么多女性的喜爱?

萨耶决定弄明白事情的真相,这对他来说太重要了,因为他也是卖布的。

一天萨耶下班回家,看见桌上又放着一块布料,他知道这又是妻子买的,心里很不高兴,因为这种布料自己的店里都卖不出去,干吗还去买别人的呢?

妻子任性地说:"我高兴嘛!这种衣料不算太好,但花式流行啊。"

萨耶叫起来了:"我的天!这种衣料自去年上市以来,一直卖不出去,怎么会流行起来呢?"

"卖布小贩说的。"妻子坦白了,"今年的游园会上,这种花式将会流行起来。"

妻子还告诉萨耶,在游园会上,当地社交界最有名的贵妇瑞尔夫人和泰姬夫人都将穿这种花式的衣服。妻子还嘱咐他不要把这个消息说出去。

原来，小贩送了两块布料给瑞尔和泰姬夫人，不但在她们面前赞美，而且激发她们带头领导服装新潮流，并请了当地最有名气的时装设计师为她们裁制。

游园那天，全场妇女中，只有那两名贵妇及少数几个女人穿着那种花色的衣服，萨耶太太也是其中之一，她因此出尽了风头。游园会结束时，许多妇女都得到一张通知单，上面写着："瑞尔夫人和泰姬夫人所穿的新衣料，本店有售。"

第二天，萨耶找到那家店铺，只见人群拥挤，争先恐后地抢购布料。等他走近一看，才知道这个店铺比他想象的更绝，店门前贴着一行大字：衣料售完，明日来新货。那些购买者唯恐明天买不到，都在预先交钱。伙计们还不断地说，这种法国衣料因原料有限，很难充分供应。萨耶知道这种布料进货不多，并非因为缺少原料，而是因为销路不好，没有再继续进货。

看到这个小贩用如此巧妙的点子来销售商品，萨耶从心里佩服。

利用人们贪便宜的本性赚钱

一般人有爱贪便宜的习性，精明的生意人应该懂得如何用这个小法宝。要想从爱财如命的人手里抠到钱，就应该善于利用人们"贪婪"的本性，让其心甘情愿地把钞票送入自己的腰包。

新城东大街开了个小吃店，店主是一对从农村来的小夫妻。开张这天，小两口店面装修得体体面面，包子馒头做得实实在在，开门仪式也搞得像模像样。可是，不知是新来乍到，还是怎么的，连夜赶做出来的雪白喷香的包子馒头，摆出来时堆得像一座小山，过了大半天，仍然是小山一座，这可急坏了店老板，愁坏了老板娘。没想到开业第一天，就热心肠遇了个冷面孔。

做生意都讲究开业大吉，以后才能生意兴隆，财源滚滚，可今天却一个顾客也没有，以后怎么办呢？

就在老板和老板娘坐立不安的时候，远远走来了一个小伙子，一看就是个读书人。小伙子一只手拿着几张毛票，一只手拿着一本书，边走边读，正向他们的小吃店慢慢走过来。

小两口见来了位顾客，仿佛喜从天降，不约而同地起身相迎，一个笑容可掬，一个面若桃花，齐声道："你是我们开张以来的第一个顾客，为了图个吉利，我们对你免费供应，你就敞开肚皮使劲吃吧。"老板娘还泡了一杯茶递送过来。

这伙子也不多说话，边吃边喝，吃饱了，喝足了，起身付钱要走，小两口死活不肯收，推推搡搡，弄得小伙子挺不好意思。老板执意不收钱，小伙子没办法，只好收起钱，扫了一眼店容，说："老板和老板娘如此热情，我也就不客气了。不过常言道：无功不受禄，你们看，我能帮你们做点什么呢？"

小两口一听，不禁觉得好笑：你这个肩不能挑、手不能提的读书人，能帮我们做什么呢？

但又转念一想，不对，俗话说："人不可貌相，海水不可斗量，"不可小看人家，兴许他还真能助我们一臂之力哩！

老板瞅瞅小山一般的包子馒头，对老板娘一眨眼，老板娘立即心领神会，便对小伙子说："小哥哥，你这么热心肠，你看，我们的包子馒头……"老板紧接过话头说："货真价实，薄利多销，是本店立足的宗旨，可是你看，今天开张以来，你是我们独一无二的顾客。你是城里人，人熟路广，能帮我们招来几位顾客，撑撑门面吗？今天有了顾客，吃了我们的东西，明天我们就不愁没有替我们张扬的人了。"

小伙子一听说："好办，给我拿纸笔来，我给你们写个告示贴上就行了。"夫妇二人的心顿时凉了半截，以为小伙子有什么好办法呢，原来是写告示。开张大吉的告示早就贴出去了，至今还不是没顾客临门吗。

罢罢罢，既然他要写，就让他写好了，死马当活马医吧，别冷了人家一片热心。于是他们拿来笔和纸给了小伙子。

小两口没指望这告示能有什么用，也就冷淡了小伙子，忙自己的事去了。小伙子也不介意，写好告示，自己踩了条长凳，将告示贴在店门旁边后就离去了。

不料，小伙子走后，顾客一个接一个来了。起初，还像小鱼上水，后来简直就如蚂蚁搬家，成群结队了。

两个时辰不到，包子馒头山就被"搬"得一干二净。小两口乐得合不拢嘴，怀疑自己遇到了神仙。

小两口卖完了包子馒头，闲着无事，就好奇地来到门口，想看看小伙子写的到底是什么告示。他俩一字一句读完了，不禁同时"扑哧"笑了起来。

原来，告示上面写道：

各位顾客：

本店今日逢吉开业，昨夜由于紧张忙乱，老板娘不慎将一枚24K金戒指揉进了面粉里，找了好久，没有找出来，敬请各位顾客食用本店包子馒头时务必小心注意。如果顾客吃进肚子造成事故，本店负责承担一切费用；如果哪位顾客发现了戒指，没有食下造成麻烦，此枚戒指我们权当礼物相送，不必归还。

特此告知

刚开张的小店，人是热情的人，货是实在的货，但就是没有买家光顾，这生意怎么做得下去呢？卖出了货物，使货物转变成资本，那才算是生意上的成功。一大堆买包子馒头之所以能够在不到两个时辰就被顾客们买得一个不剩，这多亏了那位小伙子。小伙子想出的妙主意，就是抓住了人们爱贪小便宜的习性，在告示上写了"将一枚24K金戒指揉进了面粉"。人们的心理是：既能吃馒头，没准还可以白捡个金戒指，这么大的便宜哪儿找去？殊不知，他们全都受骗了，真正的便宜还是让商家捡了去。

用"二人转"制造竞争局面

"优胜劣汰，适者生存"。正是在这种观念的影响下，人们才认为竞争是无处不在的，而且无论哪一种竞争都一定是真刀真枪的实际较量。殊不知，竞争也可以人为地制造，通过竞争的假象，还有利于形成一种良好的氛围。

在美国费城西部，有两个敌对的商店，一个叫纽约贸易商店，一个叫美洲贸易商店。两个商店是邻居，店老板却是死对头，他们之间经常展开价格竞争。

当纽约贸易商店的窗口上挂出："出售爱尔兰亚麻被单，该被单质量上乘，完美无缺，价格低廉，每床价格 6.50 美元。"美洲贸易商店的窗口就会出现："人们应擦亮眼睛，本店床单世界一流，定价 5.90 美元。"

此外，他们还常走出商店，相互咒骂，甚至大打出手，最终他们中间有一个会从竞争中退出来。

于是人们便纷纷跑到竞争获胜的商店买完所有的床单。在这一带，由于他们的不断竞争，人们买到了各种自认为物美价廉的商品。

说起来也十分有趣，有一天，他们中间的一位老板去世了。而几天以后，另一位老板开始停业清仓大展销，然后，他搬了家，人们再也没看见过他。这是为什么呢？当房子的新主人进行大清理时发现了其中的秘密。原来，两位老板的住房有一个暗通道，他们的住房就在商店上面。后来经过进一步核查，这两位老板竟是一奶同胞的兄弟。

原来所有的咒骂、恐吓和其他人身攻击都是兄弟俩合演的一出"二人转"。所有的价格竞争都是骗人的,谁获得胜利,谁就把两人的商品一起抛出去。

就这样,他们的骗局维持了30多年始终未被人发觉。直到其中一人死了才真相大白。

许多人都以为鹬蚌相争,得利的只会是渔人,面对两位商家的较量,消费者也自然而然地认为自己会从中捡个大便宜,也就心甘情愿地会掏出自己的银子,可无论把这份银子交给谁,结果却都流进了同一个口袋,这就是"制造"竞争的好处,它可以有声有色而又不动声色地赚取最大的利润。

赔钱正是为了赚吆喝

同仁堂是我国中药行业的名牌老店,迄今已有三百多年的历史。同仁堂创立之初便以"济世养生"为宗旨,正是凭着这一条,同仁堂在出现突发事件时也不乘人之危,凭着良好的信誉赢得顾客的好评,同仁堂在现代医药业发达的今天,依然屹立不倒。

同仁堂的创始人是清代名医乐显扬,他尊崇"可以养生,可以济世者,唯医药为最"的信条,把行医卖药作为养生、济世的事业,他办了同仁堂药室。他说："同仁，二字可以命堂名，吾喜其公而雅，需志之。"在随后的经营中，他也一直遵循无论贫富贵贱，一视同仁的原则。俗话说在商言商，那么商家逐利当是无可争议的道理。但同仁堂却不是一个只言商逐利的商家，而更像一个救死扶伤、济世养生的医家。实际上，商与仁的结合正是同仁堂历经数百年磨难而不衰的秘密。同仁堂利用了医家的优势，将"同修仁德"的中国儒家思想融入日常点滴之中，形成了济世养生的经营宗旨，并在此过程中创造了崇高的商业信誉，形成了同仁堂独树一帜的企业文化。

同仁堂从创办起就十分重视企业形象的树立。如设粥场，为穷苦百姓舍粥；挂钩灯，方便过路人；赠平安药，帮助各地进京赶考的人；……通过这些具体的行善活动，在老百姓心目中树立起了同仁堂的良好形象。

1988 年，我国上海等地突发甲肝疫情，特效药板蓝根冲剂的需求量猛增，致使市场上供不应求，有些企业趁机抬高药价。当时，到同仁堂购买板蓝根冲剂的人也排起了长队，存货很快销售一空。

为了尽早缓解疫情，同仁堂动员职工放弃春节休假，日夜加班赶制板蓝根冲剂。这时，有人议论：这下同仁堂可"发"了。其实他们哪里知道，同仁堂不但没有"发"，反而是在加班赔钱。因为生产板蓝根冲剂所必需的白糖早已用完了，一时又难以购进大批量平价白糖，只好用高价糖作为原料，以致成本超出了售价。出于企业承受能力的考虑，也有人提出应适当提高板蓝根冲剂的出厂价，但同仁堂的领导坚决否定了这个建议。道理很简单，"同修仁德"是同仁堂的传统，乘人之危不符合"济世养生"的宗旨。他们坚持将高价生产的板蓝根按原价格批发出厂，甚至还派出了一个由 8 辆大货车组成的车队，一直把药品送到上海。

在这场疫情中，同仁堂虽然赔了钱，却赢得了良好的声誉，在南方地区又新交了许多忠实的朋友。可以说，这是几十万元广告所达不到的效益。一大一小两本账，同仁堂的上层领导其实算得非常高明。

现在，北京同仁堂药店内又开办了同仁堂医馆，聘请了 20 多位全国知名的名老中医坐堂就诊，每天到这里看病购药的患者多达数百人，相当于一个中型医院的门诊量。这又是同仁堂的一个高招：一方面弘扬了中华医术，实行了济世养生的古训，至于另一方面经济上的实惠，这里就不必多说了。

康熙四十五年，乐显扬之子乐凤鸣在《乐氏世代祖传九散膏丹下料配方》一书的序言中，"炮制虽繁必不敢省人工，品味虽贵必不敢减物力"的古训，为同仁堂制作药品建立了严格的选方、用料、配比、工艺乃至道德的规范。此后，同仁堂在长期的制药实践中，又逐步形成了"配方独特，选料上乘，工艺精湛，疗效显著"的特色。

在同仁堂，诸如"兢兢小心，汲汲济世"；"修合（制药）无人见，存心有天知"等戒律、信条，几乎人人皆知。如果谁有意或无意违背这些信条，他不仅要受到纪律的制裁，还将受到良知的谴责。比如同仁堂炒炙药材，规定操作人员必须时刻守在锅边，细心观察火候，不时翻动药料。有一次，一位职工由于对这一要求的真谛认识不深，在装料入锅后暂时离开了一会儿。老师傅发现后，大发雷霆："像你这么干，非砸了同仁堂的牌子不可！"全组 6 个人，也轮番地批评他。此后几年中，他当班作业总是兢兢小心，再也不敢有丝毫马虎，当然也就从未出现过丝毫纰漏。

"亲和敬业"是同仁堂的服务宗旨。同仁堂作为商家，当然要获取利润；同仁堂作为医家，又负有对患者负责的天职。特别是在药品流通到患者手中的过程里，琐碎点滴都十分重要，需要经销部门有非同寻常的敬业精神。

一次，同仁堂药店接到一封山西太原的来信，说一位顾客从同仁堂抓的药缺了一味龟板，并附有当地医药部门的证明。同仁堂不敢怠慢，立即派两位药工风尘仆仆地赶往太原。经查验，药中并不少龟板，只是在当地抓药龟板是块状的，而同仁堂为了更好地发挥药效，把龟板研成了粉末。误会消除了，同仁堂又一次用真情赢得了顾客的信赖。

同仁堂对疫情的正确对待，不失为一个英明的点子。也许会有人认为这根本算不上什么点子，但是，那些追求华而不实的点子的人，他们最终也没做出什么成绩。相反，那些忠实苦干者却创造了辉煌。

第六章

巧于借力者

——背靠大树赚到钱

赚钱的战略战术和方式方法不胜枚举，但能够借力用力显然不是什么样的人都能做到的，唯借力乃修炼谋术之道的至高境界。一个人要想提升自己的经商层次，借力是一条必经之路。只有巧于借力，练就四两拨千斤的技巧，才能借力，从而获取更大的利益。

空手套白狼，制造借力点

世界上有钱的人总是占少数，而那些一生下来便是锦衣玉食的贵公子或骄小姐的更是凤毛麟角、少之又少。如果你生来就是一个穷小子，你又渴望成为拥有万贯家财的富翁，你会怎么办？

洛维洛的做法也许可以给你指点一二。洛维洛从小就和船结下了不解之缘，创业开始他想做船的生意。但他是个穷光蛋，连买一条旧船的资金也没有，怎么办？

他听说有一艘柴油机船沉没在海底，便开始打起这艘船的主意。他找亲戚朋友借了一笔钱，请人把这艘沉船打捞上来，加以修整，然后卖给一家租船公司，除去花费，他净赚了1000美元，初次尝到了甜头。他暗暗想：如果不是亲戚朋友借给自己一笔钱做资本，又怎么能赚回1000美元呢？他深感到对于一贫如洗的人借贷创业有多么重要。由此他想：如果自己能从银行贷到一笔钱，先买下一艘货船改装成油轮，然后自己经营，不是可以走出眼前的困境了吗？

说干就干，他带着这个想法去找银行洽谈。银行的负责人看了看他那磨破的衬衫领子，问他有什么可以做抵押。洛维洛无言以对，自然得到的答案只有"NO"了。

但洛维洛不是一个做事半途而废的人，在多次遭到银行的婉言拒绝后，他又启动他的特异思维，决定采取一个超乎常人思维的举动，去敲开银行的大门，他以最低的租金租下一条油船，转手以略高于此租金的价格租给了一家石油公司，然后找到银行，说自己有一条油船租给了一家石油公司，愿以租金合约做抵押，请求银行贷款购买新船，并许诺用租金偿还银行每月所需的本息。

银行觉得洛维洛本身的信用也许不会万无一失，但是那家石油公司的信用却是可靠的，只要合约生效，用其租金偿还每月所需的本息不成问题。最后，银行答应了洛维洛的贷款请求。

当然，洛维洛也不是望空打鸟，他算计了一下，石油公司的租金除偿还原来船主的租金外，正好可以抵付银行每月摊算的本息。

洛维络用从银行贷来的第一笔钱买了他所要的旧货轮，改装成油轮租了出去，然后，用合约做抵押，又向银行借了一笔钱，再去买另一艘船。

随后，他用同样的方式，用合约做质押，又到银行去贷款，这种做法延续了几年，随着贷款本息逐步还清，一条条油船就归他私人所有了。

慢慢地，洛维洛拥有了一支庞大的船队，真正成了世界著名的船王。

身无分文的洛维洛通过"借鸡生蛋"的做法，从一无所有而最终成了著名的船王，这都是他用自己的点子向别人巧借本钱的结果。

还有这样一个小故事：某人和一个农民打赌，说可以让农民的儿子在几日之内变为花旗银行的副总裁并成为石油大王洛克菲勒的女婿。农民自然不信，于是便打赌让那人去做。

他先来到了洛克菲勒的家里，向洛克菲勒建议说他应该有一个女婿，洛克菲勒说他并没有那样的打算。但他问洛克菲勒："如果您女儿要嫁的人是花旗银行的副总裁，您愿意吗？"

洛克菲勒欣然同意了这桩婚事。

那人又找到了花旗银行的总裁，告诉他，他应该任命一位副总裁，总裁对此一笑了之。于是，在洛克菲勒身上用的那一套又被同样用到了总裁身上，总裁被告知，将要被认命地那个年轻人是洛克菲勒的女婿，总裁慑于洛克菲勒的名望，只好同意。就这样，一个名不见经传的小子一下子成了花旗银行的副总裁，并且成了洛克菲勒的女婿。

如果本身没有而又想要拥有，又不能去偷去抢，那该怎么办？那只能去"借"。但借也需要有借的资本，如果什么都没有，又如何去借？此时，恰当地寻找借力点，适时让几个不可能的事情通过重新组合变为可能，借也就由此成功。当你的情形和上述的两个主人公相仿时，不妨借鉴一下洛维洛和那个人的做法。只要方法得当，空手也能套白狼。

找到一个成功的支点，借技成功

人人都想挣大钱，但是你凭的是什么？仅凭一股激情和不切实际的空想显然不行。林伟成的做法是先学得一门绝技，以技求才。

1982 年，林伟成高中毕业后，在惠州下角市场艰难地做起了生意。他的店铺就是一个无比简陋的破木棚，既不遮风，又不挡雨。林伟成没有钱，手中仅有的 300 块钱是从他母亲那里借来的积蓄。但林伟成认为别人能干的事情他也能干，别人烧鹅卖得好，他林伟成一定也能卖得好。然而第一天生意做下来，林伟成的 9 只烧鹅仅卖掉了半只。第二天，剩下的 8 只半烧鹅全部都变了味儿，好不容易筹到的本钱就这样损失掉了。

林伟成痛定思痛，认为烧鹅之所以没卖出去，是因为自己的手艺不精。他没有就此罢休，而是跑到广州的一家著名烧鹅店，天未亮就敲开了店门，诚恳地说明来意，请求在这里跟随名师学习烧鹅技术和烹调技术。学成了手艺，林伟成重新杀回惠州，再一次开始了他的卖烧鹅生意。林伟成是个聪明人，烧鹅技术今非昔比，而且在大饭店里也学会了精打细算，生意经懂得了不少。经过 10 多年的奋斗，到了 1993 年，林伟成的烧鹅越卖越火，在惠州饮食界也成了有头有脸的人物，人称"烧鹅仔"。

林伟成想，外国的麦当劳能够杀进中国来，为什么我们不能创立中国的饮食品牌，树立起我们民族自己的饮食业大旗？他准备积蓄力量，扩大生意的规模，让全国各地的人们都能吃上林伟成的烧鹅。岂料，1993 年下半年，国家开始在经济上进行宏观调控，这一调控不要紧，惠州的泡沫经济却全都暴露出来了。原来的酒店食客盈门，日进斗金；现在则是门可罗雀，生意每况愈下。为了挽回败局，林伟成投资数千万元，开商场，开珠宝行，甚至做房地产生意，结果都是血本无归，不到一年，林伟成十几年辛苦赚下的钱分文不剩，还欠下了 2000 万元的债务。林伟成被命运捉弄得一下子跌进了万丈深渊。人们纷纷传说：烧鹅仔逃跑了！烧鹅仔破产了！面对无情的现实，烧鹅仔流下了痛苦的泪水。

但是，多年的磨难造就了林伟成不肯服输的性格。他重新捧起了《政治经济学》、《创富学》，在书中寻找失败的原因和解决之道。他首先到国家市场监督管理总局登记注册了自己的商标，然后聘请专家编撰了《烧鹅仔集团酒店管理标准》，作为集团规范化管理的依据和员工的教材。他的心中还产生了一个念头：走出惠州，把烧鹅仔的牌子挂到北京去。1995 年，深圳飞来达集团在西安装修了一个豪华酒店，因经营不善陷于亏损状态，在香港、澳门、深圳等 10 多个地方寻找合作伙伴，但谁也不愿意接手这个烂摊子。最后他们找到林伟成，双方只谈了半个小时，就一拍即合。烧鹅仔转瞬之间，又从中国的东南省份跑到了中国的西北古城。不久后，烧鹅仔即以其精湛的技术和精明的管理，使烧鹅在西安一炮打响，轰动了西安的餐饮业。在川流不息的顾客中，有一位陕西省某经济发展投资公司的总经理对烧鹅仔产生了极大的兴趣，并提出一个让林伟成感到非常意外的请求：和西安的 4 家酒店合作，到北京去开设酒店。林伟成不用出资，只凭借他的烧鹅仔牌子就能入股分红。

烧鹅仔在北京推出全透明餐厅的管理模式，一下子打破了客随主便的传统经营模式，显示出以客为主的经营意识。酒楼里像超级市场一样设有陈列柜，一字排开酒店里可以供应的菜肴原料，从简单的蔬菜到各种菜式、点心，客人可以根据自己的饮食习惯和消费水平亲自选择菜种。这种自选自配的方式，使客人的自主意识得到尊重。明码标价的菜式更免去了顾客害怕被宰的担心。烧鹅仔经营的正宗粤菜，自然备有专门的海鲜池，海鲜都是从广州空运来的。海鲜池旁设有电子秤，不论吃价钱昂贵的龙虾还是便宜的贝类，都当场过秤，也就不会有人再担心缺斤短两。由此，烧鹅仔在给当地餐饮业带来一场革命的同时，也招来了更多的合作伙伴。

古语云："技不压身，下可谋生，上可求成。"一语点破了技术的重要性。虽说拥有一技便可吃遍天下在当今社会难再实现，但拥有技术至关重要是谁都否认不了的。首先拥有精湛的技艺，为自己找一个成功的支点，再加上一点点营销策略，想不成功都难。

拿来主义，借已有求未有

鲁迅先生运用"拿来主义"改良弘扬祖国文化，在现实商业运作中，"拿来主义"也不失为一支优良的助推剂。

在技术革新日益飞速发展的今天，如果对那些新技术、新工艺、新设备的转让视而不见，无动于衷，而是一味伤脑动筋地单枪匹马去研究，可以说等你这个项目研究下来，说不定人家已革新过数次，把你远远地抛在了后面。所以，拿来主义无论对任何人在任何时候都是大有裨益的。

怎样才能在较短的时间里将自己的企业做大做强呢？"八仙过海，

各显神通"，最有效的方法之一就是拿来主义。

1999 年前，深圳万和制药厂还是一个不到 200 人的小厂。在 1999 年首届深圳高新技术交易会上，这个小厂居然动用 2670 万元的"天价"买下了日本氨基酸微胶囊的全套生产技术。

当时，有许多行家认为赫美罗的氨基酸胶囊技术，在世界上已生产了 10 多年，在中国又无专利。"万和药厂花费巨资买下该没有专利的技术，不值！"

万和药厂的赵厂长却有自己的主见："氨基酸是病人在手术后平衡体内营养的重要物质，在国外主要是让病人口服，在胃里慢慢地吸收。而在国内主要是靠静脉注射，起效快，其消失也快。合理的状况是通过肠胃吸收，更符合人体新陈代谢的过程。专利虽然是公开了，但具体制造技术并没有公开。国内多间药厂已经用了许多时间和资金去仿制，质量始终还是差一截，效果也不甚理想。日本是生产氨基酸的大国，直接购买其成熟技术，一可以填补国内的空白，二可以缩短研制时间，三还能够把开发的风险降到最低。"

事实上，万和药厂引进新技术之后，不到一年便在国内开发出氨基酸新药，一下子填补了国内的空白，并重新获得了 6 年的新专利保护。两三年下来，产值已攻破亿元大关。赵厂长深有感触地说："购买成熟的技术，可能是一些缺乏技术力量的中小企业的最佳选择。"

用"拿来主义"指导商业运作的时候，需要我们有犀利的目光，分辨良莠，否则非但浪费"拿来"的资源，甚至还会在"拿来"的时候大伤元气。

借"诱惑"赚钱

如果有人让你以一流产品的价格去购买他的二流产品，这样的生意你做不做？估计 10 个人里有 9 个人会说"不"，但某公司的董事长却把这样的生意做成了。

数十年前，当某公司第一次制造节能白炽灯时，他们的董事长就到各地去做旅行推销，他希望各地的代理商仍能本着以前的友善态度来尽力帮忙，使这项新产品——节能白炽灯能顺利地打入各个市场。

董事长召集了各个代理商，向他们详细介绍这项刚刚问世的新产品，他说："经过多年来的苦心研究和创造，本公司终于完成了这项对人类有大用途的产品的开发。虽然它还称不上第一流的产品，只能说是第二流的，但是，我仍然要拜托在座的各位，以第一流的产品价格，来向本公司购买。"

听完董事长的一席话，在场的代理商都不禁哗然："咦！董事长有没有说错？有谁愿意以购买第一流产品的价格来买第二流的产品呢？我们这些惯于经营的代销商又不是傻瓜，怎么会做这种明摆着亏本的买卖呢？莫非是董事长说急了？搞糊涂了呢？董事长你本人都已承认它是第二流的产品了，那当然应该以第二流产品的价格求交易才对啊！奇怪，董事长你怎么会说出这样的话呢？难道……"大家都以怀疑的、莫名其妙的眼光看着董事长。

"各位，我知道你们一定会觉得很奇怪，不过，我仍然要再三拜托各位。"

"那么，请你把理由说出来听一听吧。"

"大家都知道，目前制造电灯泡业可以称为一流的，全国只有一家而已。因此，他们算是垄断了整个市场，即使他们任意抬高价格，大家也仍然要去购买，是不是？如果有同样优良的产品，但价格便宜一些的话，对大家不是一项福音吗？否则你们仍然不得不按厂商开出来的价格去购买。"经过董事长这么一说，大家似乎有了一点儿了解。

"就拿拳击赛来说吧，无可否认，拳王的实力谁也不能忽视，但是，如果没有人和他对抗的话，这场拳击赛就没有办法进行了。因此，必须有个实力相当、身手矫健的对手，来和拳王打擂，这样的拳击赛才精彩。不是吗？现在，灯泡制造业中就好比只有拳王一个人，因此，你们对灯泡业是不会发生任何兴趣的，同时，也赚不了多少钱。如果，这个时候能出现一位对手的话，就有了互相竞争的机会。换句话说，把优良的新产品以低廉的价格提供给各位，大家一定能得到更多的利润。"

"董事长，你说得不错，可是，目前并没有另外一位拳王呀。"

"我想，另一位拳王就由我来充当好了。为什么目前本公司只能制造第二流的节能白炽灯呢？你们知道吗，这是因为本公司资金不足，所以，无法做技术上的突破。如果各位肯帮忙，以一流产品的价格来购买本公司第二流的产品，这样我就会得到许多利润，把这笔利润用于改良技术上，相信不久的将来，本公司一定可以制造出优良的产品了。这样一来，灯泡制造业等于出现了两个拳王，在彼此大力竞争之下，品质必然会提高，那么，毫无疑问地，价格也就会降低了。到了那个时候，我一定好好地谢谢各位。此刻，我只希望你们能帮助我扮演'拳王的对手'这个角色。但愿你们能不断地支持，帮助本公司渡过难关，因此，我希望各位能以一流产品的价格，来购买这些二流产品！"

一阵热烈的鼓掌声淹没了嘈杂的声音，董事长的说服产生了极大的回响。"以前也有不少人来过这儿，不过，从来没有人说过这些话。我们很了解你目前的处境，所以，希望你能赶快成为'另一个拳王'，因为，以一流产品的价格来购买二流产品，这种心情总是不会太好的！"经过大家的决议之后，他们推出一位代表这么说。

"谢谢！谢谢！我真是太感动了！各位的好意我永远都不会忘记的，总有一天我会好好报答各位……"

这天晚上，谈判就在这种愉快而感人的气氛中结束了。一年后，这家公司所制造的节能白炽灯终于以第一流的品质而推出，那些代理商也得到了很令他们满意的报酬。

按照常理说，一流产品的价格比较昂贵，而二流产品的价格当然应该便宜一些。而董事长竟然能说服大家，这当然不是靠一般谈判方法所能解决的。成功的秘诀在于开给别人一张"远期"支票，既然有大利可图，眼前的一点小亏大家还是可以吃的。

换位经营抢先机

换位经营就是主动让顾客"反客为主"，让"自以为是"的他们替你赚钱。这样既轻松又得利，实在是一种富于创意的新型经营理念。

李女士是一家服装经营公司的大老板。按常理，她该满足了。但她却图更大的发展，而在注意观察人们对百货公司、服装专卖店的依赖关系，寻找一种新型的买与卖的关系。经过细心观察，李女士发现购买东西的顾客，总是从个人角度去挑剔商店的管理，埋怨服务的水平，甚至有的顾客自负地认为如果自己管理百货公司，水平肯定比现在的经理高。

能否利用消费者的各种心理，主动为他们创造一些条件，让他们换换角色，过一过经营百货的老板瘾，从而推动百货公司的发展，激起更多的消费者的兴趣？李女士认为这是个可行的计策。很快，她制订了一项免费出租百货商店让顾客经营的计划。

李女士深知著名的百货商店出租铺面对那些梦想当老板的人更有吸引力。于是她与一些超级市场订协议租用1000多间铺面，为期半年，然后转租给有意尝试当小老板的消费者用以经营手工艺品、衣服、装饰品等商品。这些承租人员进入老板角色后，异常积极主动，他们除了不断考虑货源的选择外，还到处拉客源，宣传自己的经营商品种类，宣传服务的新招，尽可能在有限的租期内施展一番拳脚，让别的消费者评判一下自己的能力。

假如顾客自租百货公司一间约 3 平方米的店面，就要付出 1 万元的押金，每个月还要付出惊人的店租，这对想过过老板瘾的人来说是困难的事。李女士提供转租的铺面是不需付押金的，只要每月经营小结后，缴纳销售额的 30％给超级市场和她本人管理的公司就行，即使经营者自己卖不出货品，也不用担心破产的压力，只要盘点你进货时和出货时的货品量，李女士会跟你一一核算，实销实缴。

试行了几年以后，李女士发现尝试当小老板的消费者带来了他们很多的亲戚朋友，增加了许多新顾客，唤起更多各界人士对百货公司的兴趣，经营项目、效益比过去更可观。

迪斯尼乐园在东京投资开设分乐园时，游园设计方面除了园内的小路设计还没完工外，其他都已完成。设计者设计小路时并没有在室内闭门造车，而是将乐园提前免费开放，结果游客们纷纷前来游玩，久而久之，在园内便踩出了一条条最符合游客行走习惯的小路。于是设计者依照这些被踩出来的小路对乐园内的路径进行设计。结果，这个设计方案在国际上赢得大奖。

李女士的做法与这个设计者有异曲同工之处，那就是转换角色，让顾客参与经营，因为顾客的眼睛是挑剔的，他们最知道商家的不足之处，知道商家怎么做才能让顾客们感受最舒服。

借新方式做大生意

当今社会是一个网络互联的世界，用"牵一发而动全网"来形容实在是再恰切不过了，创建网络的人着实狠狠地赚了一笔，因充分利用互联网而成就事业的人也俯拾皆是。

假如意识给潜意识一个目标，潜意识就会为实现这个目标而开始行动，因此，意识和潜意识操纵着一个人一生的命运。因而从某种角度上说，一个人想着成功，就可能成功——经常想想自己的好，并且强化这种优秀的感觉，给予自己更多的激励与肯定，不用跟别人比，而只把自己当作不断超越的目标，百分之百地信任自己，并且在每次达到目标与超越时给予自己以最棒的鼓励。

成功是产生在那些有了成功意识的人身上的，而失败则源于那些不自觉地让自己产生失败意识的人身上的。给自己建立一个有效的自我激励体系，这样往往会得到意想不到的快乐与收获。

20世纪90年代，繁华的深圳，有一个叫王永安的人走过100多里山路到了县城，又赶车1000多里颠簸到深圳，身上背着母亲和妻子赶制的3双布鞋，在街头观赏着繁华的现代都市，并寻找着自己的理想。

高中文凭，加上写得一手漂亮的文章，在当时的深圳，王永安就比其他打工仔多一些优势。非常顺利地，他到了一个广告公司搞文案。王永安在工作中拼命地学习，接受着改革开放吹入国门的各种新观念、新思想。

一次偶然的谈话改变了王永安的人生轨迹。他听到一个做外贸的朋友说，现在出口一台冰箱还不如出口几双布鞋挣钱，国外对中国传统布鞋的需求量很大，每年有 1000 多万双中国传统布鞋销往世界各地。

说者无心，听者有意。王永安想到了自己包里的那两双一直都舍不得穿的布鞋。他的第一个反应就是，可不可以把家乡的布鞋也拿到国外去卖呢？他的家乡，一个闭塞得几乎与外界隔绝的穷地方，妇女们只按自己的方式来制作她们心目中认为最美丽、最适用的鞋样，没有机械，全凭手工，够传统的了。

通过两年时间的市场考察，王永安证实了朋友并没有骗他，而且令他欣喜的是所有出口的布鞋要么是黏合底，要么是注塑底，没有一双真正传统意义上的全手工布鞋。这让他把家乡布鞋推广出去的愿望变得更加强烈了。

可是他只知道布鞋在国外市场空间大、生意好，但朋友并没有教他怎么做产品才能打入国外市场，因为毕竟这不是去岳西县城卖鸡蛋。不但要让老外知道你在卖中国最传统的布鞋，还要熟悉出口产品的一系列繁杂手续。

网络技术在中国如火如荼的发展让王永安了解并亲身体验到了这种方式的便捷。他所在的公司了解客户，一般都是看客户公司的网页介绍，信件的往来也通过 E-mail。这不就是最好的方式吗？把自己的布鞋产品信息发布到互联网上，让全世界的人都知道中国有个布鞋之乡。

如果没有互联网，很难想象王永安能抓住布鞋走俏国外的机遇进行创业。因为他没有通畅的销售渠道，仅这一点，就可以让他与机遇擦肩而过。

1997年，王永安回到家乡。他的设想遭到了家人的一致反对。但是，王永安认定了，他要用事实来证明自己。第二天，王永安背了几个干馍，揣着打工的积蓄，到县城里去了，走出了他办厂的第一步。同时，为了打通山里与外界的隔阂，他买电脑，办上网手续，买电脑方面的书，自学电脑相关知识和与客户直接交流的简单英语……

王永安买了电脑和他要办一个布鞋厂，对山里的人来说，都具有相当于中国加入WTO签订了双边协议同样的轰动效应。因为这带来的不仅是现代观念的冲击，更有乡亲们为提升当地经济水平、改善生活质量的渴盼。

按照自己已有的设想，王永安招收了500名当地妇女，扯起了养生鞋厂的大旗。这500名"工人"利用一年中农闲的8个月，在自己家里进行布鞋加工制作。再设几名专职的管理人员，负责产品质量的控制和物料的管理，自己则负责总体管理和对外营销。

王永安最多时可以发动1万多名乡亲来进行布鞋加工。整个生产进行流水作业，500名工人各司其职，一天正常可生产100双布鞋。

安排好生产后，王永安便专心致力于销售道路的建设。他的目标是网络。

一个美国资深电子商务专家为不适合在网上销售的商品排了一个名次，鞋子在其中排第4名。但是王永安却以自己的方式，让他"全国独一家"的网上鞋店红红火火地经营起来。

最先，王永安只能依靠电子公告板，到许多国内有影响的不同站点上去发布自己产品的信息。几天时间，他卖掉了两双布鞋，而且是凭借网上零售方式售出的。这给了王永安莫大的信心。

1998 年 7 月，通过上网了解和查询，王永安又将已有一点名气的养生鞋厂挂接到郑州一个叫"购物天堂"的网站上，网页的制作与维护都由郑州方面负责，1 年的服务费用为 600 元，王永安只负责提供资料。客户在网上看样、下订单、签合同，最后按客户的要求通过深圳外贸进出口公司，发往指定港口、码头交货，整个网上销售系统显得十分的顺畅。20 多家国内代理商通过网络认识了这个小县城里的鞋厂，并开始与其磋商做养生鞋厂的代理事宜，其中从国外发来电子邮件的有好几家。令王永安永生难忘的是第一笔同外商交易成功的业务，那是在深圳进出口公司的帮助下，700 多双布鞋销到了美国洛杉矶。这些在常人看来难登大雅之堂的布鞋，这些出自中国农民粗糙之手的布鞋，终于走出了国门。在接下来短短几个月的时间里，王永安通过他的网上鞋店共销售了约 1 万双左右的布鞋，让贫困的山里人真正看到了知识的力量和致富的希望。网上销售的成功让王永安激动不已，更让家里人改变了对他创业初期的看法。

随着销售量的提高，王永安进一步扩大了布鞋品种，加大了对外宣传力度。1999 年 2 月，王永安申请了自己独立的国际域名，用英文、中文简体和繁体 3 种语言形式在网上发布养生鞋厂的信息，并与国内许多与鞋产品有关的几十个网站进行了链接。其效果十分明显：在鞋类上，养生厂可以生产老、中、青、少、小不同层次、不同类型的布鞋 100 多种。

养生鞋厂的业务量有了成倍的增长，布鞋产品全部出口国外，包括美国、日本、英国、芬兰等 10 多个国家。布鞋供不应求，生产与销售已基本走上正轨。依靠昔日难登大雅之堂的平凡的布鞋，王永安让全村人均收入达到每年 2000 元，昔日山区贫困的面貌得到了彻底的改变。王永安本人也因互联网而改变了自己的人生。

如果王永安面对互联网这一新鲜事物感觉更多的是怀疑，那他注定要选择退缩。他从这个陌生的领域感受到了机遇的召唤，最终使其为我所用网络金钱。

当传统披上网络的圣衣，任何不可能都将化为乌有。曾几何时，互联网成就了一批批涉入者。事实上，不仅仅是网络，每一个富有潜力的新事物，都能在其后的时间为传统经济带来颠覆性的革命。掌握了高效快捷的新方式，再传统的事业也会生机盎然。

第七章

敢于冒险者

——巧借风险赚到钱

◈
◈
◈
◈

商场如战场，走出去的每一步都意味着风险和
失败，也正是因为这样，那些从困境中拼搏出
来的商业英豪才令人肃然起敬。冒险并不意味
着蛮干，而是从积极开拓中，从战略转型中，
从与时间赛跑中寻找机会。它的价值不仅在于
可以把握住机会，其行动本身同样可能创造出
产生财富的机会。

多一分准备，少一分风险

到处都能看到许多失业者，他们与公司的理念格格不入，对他人毫无价值，最终只好被迫离开。要想让被淘汰的风险远离自己身边，唯一的办法就是多做些准备。

假如连你自己都不相信自己，他人的鼓励又能起到什么作用呢？他人的想法永远不能完全代表自己，你也绝对有权去决定你要不要接受别人的意见或是要不要受别人的影响。只有你才是你生命的重心，也唯有你给自己最有力的肯定，那才是你潜能开发、实现突破的最佳基础。

一个人要想成功首先要具备的就是自信。自信源于人类操纵自己命运的能手——意识和潜意识。假若你心中播种的都是自信的种子，相信你总会有获得累累硕果的时候。

古时候，有个勤奋好学的木匠，一天去给法官修理椅子，他不仅干得很认真，还对法官坐的椅子进行了改装。有人问他其中的原因，他解释说："我要让这把椅子经久耐用，直到我自己作为法官坐上这把椅子为止。"这位木匠后来果真成了一名法官，坐上了这把椅子。

一个人如果相信自己能成功，往往自己就能成功，这是人的意识和潜意识在起作用。人的心灵有两个主要部分，就是意识和潜意识。当意识作决定时，潜意识则做好所有的准备。换言之，就是意识决定了做什么，而潜意识就是埋藏在水平线下面很大很深的部分。人体的神经系统特别是大脑，就相当于电脑的"硬件"，意识就是这部无比精密的电脑"操作者"，潜意识就等于电脑的"软件"。

在很多成功者中，虽然他们所走过的成功的道路各不相同，但他们却有一点出奇的相同，那就是善于运用意识和潜意识的力量。

一个人假如下定决心要做某件事，那么，他就会凭借意识的驱动和潜意识的力量，跨越前进道路上的重要障碍。

在任何一家企业和工厂，都有一些常规性的调整过程。公司负责人经常送走那些无法对公司有所贡献的员工，同时也吸纳新的成员。无论业务如何繁忙，这种整顿一直在进行着。那些已经无法胜任工作、缺乏才干的人，都被摒弃在企业的大门之外，只有那些最能干的人，才会被留下来。

这种被淘汰的风险，是我们每一个人都非常关注也都感到非常困惑的问题。应对这种风险最基本的方法就是准备，为工作多做一分准备，相应的风险就会减少一分。这就要求我们无论对待任何事情都必须具有"万一……怎么办"的意识，做到凡事都未雨绸缪、预做准备，从而减少风险发生的概率。与之相对应的是，你所做的准备越少，承受的危险就会越大。这个道理在自然界早已得到了很好的印证。

在一望无际的大草原上，一匹狼吃饱了，安逸地躺在草地上睡觉，另一匹狼气喘吁吁地从它身边经过，焦急地说："你怎么还躺着？难道你没听说，狮子要搬到咱们这里来了，还不赶快去看看有没有别的地方适合咱们居住。"

"狮子是我们的朋友，有什么可怕的，再说这里的羚羊这么多，狮子根本吃不完，别白费力气了。"躺着的狼若无其事地说。那匹狼看自己的劝说没有效果，只好摇摇头走了。

后来，狮子真的来了，只来了一只，但由于狮子的到来，整个草原上羚羊的奔跑速度变得快极了，这匹狼再也不像从前那样轻而易举就能获得食物了。当它再想搬到别处去时，却发现食物充足的地方早已经被其他动物捷足先登了。

这个故事告诉我们，危险无处不在，唯有踏踏实实地做好准备，才是真正的生存之道；否则，当你醒悟过来的时候，危险早已经降临到你的头上了。

也许有人会说，有些事情是我们个人的力量所无法控制的，对于这些事情，做再多的准备也没有用。笔者想提醒有这种想法的人，虽然你无法控制危险的发生，但可以凭借充分的准备来减少甚至避免危险所造成的损失。

就像遭遇到自然灾害一样，虽然你无力改变，但有没有准备，后果却截然不同。

在古老的地球上，生活着种类繁多的爬行动物，有恐龙，也有蜥蜴。一天，蜥蜴对恐龙说，它发现天上有颗星星越来越大，很有可能要撞到我们。恐龙却不以为然，对蜥蜴说：该来的终究会来，难道你认为凭咱们的力量可以把这颗星星推开吗？

灾难终于发生了。一天，那颗越来越大的行星瞬间陨落到地球上，引起了强烈的地震和火山喷发，恐龙们四处奔逃，但最终很快在灾难中死去，而那些蜥蜴，则钻进了自己早已挖掘好的洞穴里，躲过了灾难。

看来蜥蜴还是比较聪明的，它知道虽然自己没有力量阻止灾难的发生，但却有力量去挖洞来给自己准备一个避难所。

面对大的动荡或变革，人们的心态无非就是两种，一种是恐龙型的，一种是蜥蜴型的，但能够站在胜利彼岸的总是那些早有准备的蜥蜴型的人。

社会的发展、科技的更新，使我们的工作和生活处在一种急速变革的时代，这种趋势是无法改变和逃避的。在这种情况下，如果你像恐龙一样不去做准备的话，被淘汰的命运就会降临到你的身上，就像下面要说的这个工人一样。

在某个钟表厂，有一位工作非常卖力的工人，他的任务就是在生产线上给手表装配零件。这件事他一干就是10年，操作非常熟练，而且很少出过差错，几乎每年的优秀员工奖都属于他。

可是后来，企业新上了一套完全由电脑操作的自动化生产线，许多工作都改由机器来完成，结果他失去了工作。原来，他本来文化水平就不高，在这10年中又没有掌握其他技术，对于电脑更是一窍不通，一下子，他从优秀员工变成了多余的人。

在他离开工厂的时候，厂长先是对他多年的工作态度赞扬了一番，然后诚恳地对他说："其实引进新设备的计划我在几年前就告诉你们了，目的就是想让你们有个思想准备，去学习一下新技术和新设备的操作方法。你看，和你干同样工作的小胡不仅自学了电脑，还找来了新设备的说明书来研究，现在他已经是车间主任了。我并不是没有给你准备的时间和机会，但你都放弃了。"

新设备、新技术、新方法能帮助企业提高 10 倍速的工作效率，这种更新换代是谁也阻止不了的。但你有没有考虑过给自己的工作能力也进行更新，从而为这种变化做好准备呢？

在这种情况下，如果你不想被你的工作所淘汰，你就要有意识地多做准备，在工作中逐步提高自己的能力，而且这种提高的速度比环境淘汰你的速度要快。

多一分准备，少一分风险。你意识到了吗？

陷阱之中必有香饵

能在商业竞争中脱颖而出的，无疑是谋术中的高手，商人做生意就必须分清正当收益与诱饵的区别，以免中了他人的算计。没有从天上掉下来的馅饼，只有布置好诱饵让人钻的陷阱。小心谨慎，看清前面的每一步路。

"人外有人，天外有天。"谁也不是常胜将军。自负者习惯沉浸于虚无的胜利幻想中，他们常常因为一次的成功就自我满足，眼前闪现的永远是早已逝去的鲜花与掌声。他们把别人给予他们的荣誉看作是理所当然的，他们不能静下心来想一想如今自己都做了些什么，都收获了什么。自负者总认为曾经的成功能长久，总认为别人一直会甘拜下风。所以，他们自视清高、目中无人，更有甚者非但自己不思进取，还伺机嘲讽别人的努力，最终导致了正常心理的扭曲，无法承受长期以来的积压，选择了纵身一跃。

"谦逊"意在表明上帝无限地超越我们曾经对他做出的任何评说，无限地超越人类的理解与悟性。只有我们认识到这一点并且愈加谦逊，我们才能搬开前进道路上由我们"自我"设置的绊脚石。

一只狼外出捕食猎物，雪地里一片白茫茫的，每到这个时候，很少能看见在外游走的小动物。

狼早已饥肠辘辘，多日未进食已使它不再敏捷。

正在这个时候，前面有一只受伤的野鸡在挣扎。

狼连忙跑上去，饥饿已经使它失去了应有的警惕，脑子里只有尽快吃掉那只野鸡的念头了。

只听一声闷响，狼掉进一个很深的枯井里，无论它怎么跳也跳不出来。

两天之后，一伙猎人来到这里，从他们的陷阱中收取了自己的猎物。

有陷阱，一定要在周围设下诱饵，有诱饵，自然有欣喜若狂的贪婪者。

1973年10月，阿拉伯产油国因为中东地区发生的战乱，采取了大封锁政策，于是，西方发生了"石油危机"。当时美国大型石油公司在艾克森公司带头下，把每桶原油的价格从 3.5 美元提到 20 美元。

石油原产地开采者马上一哄而上，石油生产量由原来的日产 12000 桶上升为 16000 桶，结果，生产过剩的问题，市场行情又开始暴跌。

生产者同盟发现生产过剩的严重性之后，立即决定在半年内不准开发新油井，如果半年后还不能解决生产过剩，就再封锁 30 天。

这个限制生产石油的措施，给"下游工程"——炼油企业造成严重困难。没有原油，还炼什么？这时，洛克菲勒突然宣布：高价收购石油，每桶 4.75 美元，数量不限，有多少收购多少。

谁也不知道他葫芦里究竟卖的是什么药，但谁也无法不对每桶 4.75 美元的高价怦然心动，大批的石油生产者在利益机制的驱使下，闻风而至，早把"自我约束"抛到脑后。同时，洛克菲勒派出大批捐客。

捐客们个个能言善辩，口里像抹了蜜，他们皮包中塞满了现金，四处游说，拼命怂恿："美孚石油公司每天将以现金收购 15000 桶石油，快和美孚石油公司签约吧。"

同盟方面也并非毫无知晓，他们拼命劝止那些利欲熏心的原产地业者："美孚石油公司是条大蟒蛇，大家千万不要上当！"

可是原产地业者对这些警告充耳不闻，因为诱饵实在太迷人了。

这些原产地业主们看也不看，便轻率地订了合同。为了应付这突如其来的美景，他们又纷纷开发新油井，可是在签订的合约中美孚石油公司并未保证永远保持 4.75 美元的收购价格，狡猾！

由于石油行情的变化是不定的，因此无法预测市场的价格变化，因为供需变化的状况无法确定。洛克菲勒当然不会白白做出蠢事，他这招果然迅速瓦解了生产者同盟的防线。他们不顾"限制生产原油"的那一纸同盟书，纷纷起动大量开采原油，开发新井……

可当美孚石油公司保证每天购进 15000 桶石油，并已购进 20 万桶之后，突然宣布中止合约。维持了两星期的抢卖热潮遂告结束，原产地的火也熄灭了。对此，原产地业者纷纷要求作出解释，美孚石油公司答复："供过于求的状况已打破了历史上最高纪录，这是你们的责任，因为你们大量到处抛售原油。现在我们可以出价每桶 2.5 美元，到下星期如果每桶高于 2 美元我们就不买了！"

实际上，原产地方面在落克菲勒提出每桶 4.75 美元的价格后，各家疯狂扩采，等到发现阴谋，日产量已高达 50000 桶，因此，事到临头，他们没有办法，又不能解约，他们最后的命运是一样的：破产！而洛克菲勒布下陷阱又一次套到猎物。

洛克菲勒所布下的陷阱从表面看上去的确相当有诱惑力，所以才有那么多的人不顾一切地纷纷往下跳。洛克菲勒正是利用一些人贪婪的心理特性，巧妙地装饰自己的陷阱。其实，这些原产地业主们只要稍加留心，用照妖镜仔细鉴别，是不难看出洛克菲勒所设下的圈套的。但"利"字当头使他们失去了应有的理智，不顾一切往前钻，自然成了美孚石油公司的牺牲品。

在商业竞争中，谋利是第一要素。为了谋利，商场中尔虞我诈的现象十分普遍，种种陷阱摆在我们的身边，一不小心就会落入其中。

那么，如何有效地防止自己堕入他人所布下的陷阱呢？

首先，是不能贪利，谋利是商人行事的目的，但贪利往往会使商人落入对手所设的陷阱；因为对手吸引你的正是利益。

其次，谋利要合法行事，有的商业陷阱是以引导竞争对方触犯法律为手段来打败对方的，对此要特别注意。

钱就躲在勇气的背后

无数成功致富者的实践都证明了，有胆有识的人，才有旺盛的进取心和强烈的斗志，才勇于创新，才能果断决策，从而走上致富之路。

敢想敢干，敢作敢为，这是成功致富必备的魄力。许多人也想致富，也能敏锐地发现致富的机会，但就是不敢行动，害怕失败，犹犹豫豫，结果一个个致富的机会从他们身边溜过。

生理上的残疾并不可怕，可怕的是心灵上的残疾。因为获得成功的最重要的因素是来自伟大而坚强的意志。

在生活中的不幸面前，有没有坚强的性格，在某种意义上说，也是区别伟人与庸人的标志之一。巴尔扎克说："苦难对于一个天才是一块垫脚石，对于能干的人是一笔财富，而对于庸人却是一个万丈深渊。"有的人在厄运和不幸面前，不屈服，不后退，不动摇，顽强地同命运抗争，因而在重重困难中冲开一条通向胜利的路，成了征服困难的英雄，掌握自己命运的主人。而有的人在生活的挫折和打击面前，垂头丧气，自暴自弃，丧失了继续前进的勇气和信心，于是成了庸人和懦夫。

鲁迅说得好："伟大的胸怀，应该表现出这样的气概——用笑脸来迎接悲惨的命运，用百倍的勇气来应付自己的不幸。"

拥有坚毅的性格可以战胜一切艰难险阻，任何困难和挫折都不能阻止他们前进的脚步，忍受压力而不气馁，勇于知难而进，是最终成功的要素。努力锤炼性格的坚毅，人人都可以走向成功，也只有这样才能更好地适应社会的发展，在充满竞争的社会中始终立于不败之地。

有两个兄弟都做小买卖，在村子里贩卖东西。一年夏天，弟弟对哥哥说："村子方圆几里我们都跑遍了，也没有什么赚头，这样也不是长久之计，要不我们到远点的地方去做生意吧。"

在弟弟的催促和劝说下，犹豫的哥哥答应了，于是两人带上各种各样的货物，辛辛苦苦地爬上了一座山头，站在山顶上，看到远处隐约有很多人影，好不热闹，到处都是人家，烟囱冒着青烟，看样子是个人丁兴旺的地方，于是他们决定到那个村落做买卖。

又爬过一座山头，哥哥热得受不了了，索性坐下来歇息，他擦着满身的汗对弟弟说："天这么热，又这么远，以后还是不要来这个鬼地方做生意了！"

被汗水湿透了衣服的弟弟却笑呵呵地说："我想的却恰恰和你相反啊！"

"怎么？难道你还想让这山再高几倍不成？让这天更热吗？"哥哥没好气地反问道。

弟弟回答说:"差不多就是这样,要是真那样就好了!"说完无比神往地笑了。

哥哥哭笑不得地抱怨说:"我看你是热糊涂了,爬山爬迷糊了吧,当然是越近越好,要不太难受了。"

弟弟回答说:"我没有糊涂,你想想,如果山很高,天很热,其他做生意的就会知难而退,那我们岂不可以赚更多?"

哥哥听后连连点头,觉得无比惭愧。

弟弟的可贵之处就在于,他敢于去别人不愿涉足的领域里寻求商机,因而可能获得蕴藏着的更大利益。这不单是眼光的问题,更是勇气的结果。简而言之,金钱常常躲在勇气的背后。

渡边正雄是个日本人,他在东京开设了一家小得不能再小的不动产公司——"大都不动产公司"。

某天,有人来向渡边推销土地,说拿须有一块几百万平方米的高原,价钱非常便宜,一平方米只卖60多日元。

这是一块山间的土地,很多从事不动产业者都知道这片土地,但没有一个人对它感兴趣,表示有兴趣的只有渡边一人。

当时的拿须是个人迹罕至的地方,没有道路,也没有水电等公共设施,其价值几乎等于零。但渡边为何对这片土地感兴趣呢?后来,他向世人道出了自己当初的想法:"虽然是一片广阔无边的高原,但跟天皇御用地邻接,这会令人感觉到置身在与帝王一样的环境里,能提高身份,能满足自尊心和虚荣心。再说,在这个拥挤的时代,将高原改造成住地的时日一定为期不远。这时候把它买下来,动些脑筋,好好宣传,一定大有赚头。"

不久，渡边不顾一切地拿出全部财产当赌注，又大量举债，把数百万平方米的土地订了下来。

当他订约后，不动产业者们都嘲笑他是一个大傻瓜，说："只有傻瓜才会买那样一片一文不值的山间土地。"

面对别人的嘲笑，渡边毫不理会。付完定金后，他就开始了预定的行动。他把土地细分为道路、公园、农园、建筑用地，又与建筑公司合作，准备先盖 200 栋别墅和大型出租民房。一切准备妥当后，他就开始出卖分段划分的农园用土地和别墅地，以偿还未付的土地款。

由于拿须远离都市的喧嚣，空气清新，景色优美，对那些厌恶都市噪声和污染的人极具吸引力。为了向世人推荐这片土地，渡边展开了大张旗鼓的宣传攻势。

如此，渡边的宣传果然大有收获，东京以及其他都市的人都对此产生了极大兴趣，纷纷前来订购。有的人订购别墅，有的人订购一块果园或菜地。因为不订购别墅也有出租民房可住，因此订购农园、菜地的人多得惊人。

结果，不到一年，渡边就把土地卖出了 4/5，一眨眼就净赚 50 多亿日元。不仅如此，剩下的土地最少也值他当初所付出的土地款的 3 倍之多，而且价格还在不断地上涨。

有人曾说：人生就像是一场赌博，爱拼才会赢。只要意识到商机，从零起步的一拼为时未晚，但若不敢冒风险去做，那机会可绝不会等你。

作为一个商人，总想着做那些容易的事，避重就轻，对那些困难之事唯恐避之而不及，这样是不会有多大收获的。因为你觉得好做的事，别人也会有同样的感觉，难免趋之若鹜，和一大群人分一张饼，所得自然十分有限。而精明的经营者会在艰难的条件中，鼓起勇气，接受逆境的挑战，到新的市场中打拼，谋求利益。

只有有了这种敢打敢拼的勇气，才能抓住藏匿在困难和逆境后的金钱。有的时候，困难越多，环境越险恶，风险越大，反倒越能挣钱。商人要寻找机遇，要探寻商机，就要有知难而上和四处出击的勇气。那些只知道跟在别人身后亦步亦趋的人，永远只能分得一点残羹剩饭。

有勇气的人从来不会埋怨老天不公，因为他们有胆量从艰难险阻和水深火热中走出来，他们足够明智地看到了潜藏在其中的机遇。很多成功的商人都敢于突破循规蹈矩的惯例，尽管有各种条条框框的限制和客观条件的束缚，他们能一边鼓起勇气承受，一边努力改变和创造条件。

勇气是不会亏待商人的，正是勇气促生了第一个"吃螃蟹"的人，也是勇气造就了"敢为天下先"的英雄。只有这样的商人，才会获得最多的利益，拥有最多的机会。

面对机会，要有豁出去的勇气

有许多想发财的人总是与机会"错失良缘"。其实我们缺少的并不是机遇，而是发现机遇的眼光，把握机遇的本领。

甜蜜的爱情、美满的婚姻、幸福的家庭、亲密的朋友、信赖的知己、腾达的事业、辉煌的成就、别人的仰慕……这一切，我们每个人都想拥有，没有人希望自己在人生之路上遭遇失败。但成功除了离不开机遇与自己的拼搏外，首先要做和必须做的，不是战胜外在，而是战胜自己；不是了解别人，而是了解自己。

了解自己主要是指认识自身的性格：是内向还是外向，是封闭还是开明，是自卑还是自信，是懒惰还是勤劳，是虚荣还是朴素，是偏执还是随和，是狭隘还是心胸宽大，是贪婪还是怯懦……不管是怎样的性格都不要惧怕，因为只要了解了自己性格的特点，就可以发扬优点，克服缺点。法国作家纪德说过，人人都有惊人的潜力，要相信你自己的力量与青春，要不断地告诉自己："万事全赖在我。"上天只创造了一个独特的你，你是独一无二的。成功胜利由自己创造，失败挫折由自己承担。

许多人总是长吁短叹，认为自己之所以没有富起来，主要原因就是没有发财的机遇。其实，我们不妨对比一下那些致富者，你就可以发现，机遇在大多数时候是同时降临在许多人身上的，只不过是有人犹豫了一下，而有人却立即行动了而已。

闻名世界的麦当劳快餐的创始人克罗克，曾经是一个很出色的推销员，他几乎跑遍了美国所有的城市。对他来说，不仅推销产品是一件驾轻就熟的事情，而且他还特别善于从推销产品的过程中寻找机遇。他后来之所以成为世界快餐业巨头，就是从一份来自一家汉堡包快餐店的订单中发现了机会，从而改变了他的命运，同时也掀起了一场全球范围内的餐桌上的革命。

克罗克的客户不是别人，正是加利福尼亚州圣贝纳迪诺市的麦当劳兄弟，他们经营着"麦当劳"快餐馆。那时的"麦当劳"快餐馆规模不像今天这样庞大，经营的品种也很单一，主要是炸薯条和汉堡包。

克罗克抱着好奇的心理品尝了这种食品，立即被迷住了。吸引他的不仅是食品的美味可口，更主要的是麦当劳兄弟独特的经营方式。兄弟俩的经营方式可以说是优点和缺点一样突出。一方面，他们创造了流水线生产汉堡包和搭售炸薯条的营销方式。在制作和销售过程中，不仅采用标准化牛肉小馅饼、标准化配菜系列，还采用红外线灯照射以保持炸薯条的清脆可口。

这种分量足、口感好，又方便快捷的食品很受当地居民，尤其是青少年的喜欢。此外，克罗克还注意到，麦当劳兄弟俩在餐馆前竖起一个巨大的拱形"M"招牌，以招徕顾客，而在加利福尼亚州的另外9家分店也使用"麦当劳"店名，并且已经有了联合销售、联合经营的发展趋向。

但是，克罗克经过周密考察，发现麦当劳兄弟俩的经营思路也不是完美的，他们也有致命的弱点，主要是思想比较保守落后，而且过于满足现状。另外，也不愿过于奔波劳累去进一步开发拓展业务和发展分店。所有这些，都给克罗克留下了难以磨灭的印象。多年的推销员生活和对饮食业发展趋势了解的经验告诉克罗克，麦当劳兄弟的创造发明非常重要，但也有很多需要改进的地方。因此，他并不急于立即签订出卖制奶机的合同，而是留在加州连续考察了1周。

在这珍贵的 7 天里，克罗克马不停蹄地四处打听，不断地观察，结果他又得到一个消息：麦当劳兄弟想物色一个合适的人选，以帮助他们解决因餐厅发展而带来的麻烦。他敏锐地意识到，他人生的转折时机就要来临了，绝对不能犹豫，自己一定要不失时机地抓住这次机会，实现人生的一次大转折。

为此，克罗克宣布放弃推销员工作，准备进军快餐业。辞职后的第二天，克罗克即拜访麦氏兄弟。经过商议，他取得了发展全国连锁业务的权利。急于投入的克罗克，接受了一份苛刻的合同。合同规定：连锁权利费用 950 美元，克罗克只能抽取连锁店营业额中 1.9％的费用来做服务，而其中还有 0.5％是给麦当劳兄弟的权利金。

1955 年 3 月 2 日，克罗克创办了麦当劳体系公司。克罗克以公平、互惠的精神订立连锁合约，这也成为他留在这个行业中的最大资本。他说服未来的加盟店主、可能的供应商、年轻的经理以及贷款人同他一起冒险，他凭借过人的销售技术取得了成功。

克罗克小心谨慎地选择连锁店加盟者，并控制其经营方法。他从不把连锁权卖给实力雄厚的连锁人，生怕他们有一天超过总公司而不再受控。他控制了加盟店，使他们注重品质、清洁、服务与价值。在他眼里，这是保持麦当劳长期赢利的必需条件。

连锁公司不应该剥削加盟者的血汗而应该帮助加盟者成功，塑造自己的成功，这就是克罗克的连锁哲学。当时有许多人已看出速食业的巨大潜力，但只有克罗克一人有能力将连锁店组织起来，使所有的加盟者与他站在同一条阵线。

随着克罗克在速食业中的发展，麦当劳兄弟的阻碍作用越来越明显。由于麦氏兄弟目光短浅，克罗克的连锁原则得不到彻底的发展。贪婪的麦氏兄弟拿走克罗克仅 1.9％ 的服务费中的 0.5％ 作为权利金，使得麦当劳的发展严重缺少资金，无法壮大。

麦当劳兄弟的做法使克罗克无法容忍，他决定买下麦当劳公司。虽然 270 万元的高价令克罗克头晕目眩，但是他不得不接受这个数字。经过一天一夜的思考，他毅然而然地敲开了麦氏兄弟的办公室大门。

从此以后，克罗克成了麦当劳的掌门人。他很快将麦当劳推向了全世界，成为全球最大的速食连锁业之一，而当时创办麦当劳的两兄弟却因为目光短浅而销声匿迹。

机遇来得突然，走得迅速，可以说是稍纵即逝。只要你知道机遇的各项特性（瞬时性、善变、罕有等），就会明白这个道理。

骑虎伏虎，偏向虎山行

超前思考，变不利为有利，大凡人们办事，一般都会碰到一些有利条件，也会遇见一些不利因素。此时，当事人便应超前思考，力争将不利因素转化为有利条件，使事业增添胜算。例如，在《三国演义》里，诸葛亮与周瑜想火攻曹操水军，但冬季只有西北风而无东南风，深知天文知识的诸葛亮正是利用这一点麻痹曹操，他算定甲子日开始将刮三天东南大风。届时依计而行，结果火凭风势，风助火威，孙刘联军的一把大火便大破曹军于赤壁。

"台塑大王"王永庆创业初期遭遇了几近破产的挫折，王永庆在巨变面前没有惊慌失措，而是站在发展的高度，发现问题并以其尖锐的眼光决策问题：人说山有虎，偏向虎山行。

"台塑大王"王永庆当初在计划投资生产塑胶粉的时候，经过调查证实，国际行情每吨售价是 1000 美元，因此，他认为有利可图。但市场的行情处于变化状态，等王永庆将塑胶生产出来的时候，国际行情价已跌至到 800 美元以下。而台塑由于产量少，每吨生产成本在 800 美元以上，显然不具备竞争力；加上当时外销的市场没有打开，岛内仅有的两家胶布机厂又认为台塑的塑胶品质欠佳，拒绝采用，由此，台塑的产品严重滞销也就可想而知了。

当然，王永庆绝不是那种为过去的决定而后悔的人，他只考虑怎样才能解决目前的困境，他的决定是：明知山有虎，偏向虎山行，继续扩大生产，努力降低成本。

可是，王永庆这种想法受到许多人的纷纷反对，公司内部的反对意见更是激烈，他们主张请求政府管制进口，加以保护，否则，以现有的产量都已经销不出去了，增加产量不是会造成更加沉重的压力吗？王永庆认为，靠政府保护是治标不治本的短视行为，就像在娘怀里宠大的孩子一样，终究难成大器。要想在市场上长期立足，唯一的办法就是增强自身竞争力。扩产虽然不一定能保证成功，但至少可以有个希望。

1958 年，在王永庆的坚持下，台塑进行了第一次扩建工程，使月产量翻了一番，达到 200 吨。

然而，在台塑扩建增产的同时，日本许多塑胶厂的产量也在成倍增加，成本降低的幅度比台塑更大。相比之下，台塑公司的产品成本还是偏高，依然不具备市场竞争力。怎么办？王永庆决定继续增产，而且不增则已，增就一步到位，不再老是跟在别人屁股后面跑。

为此，王永庆召集公司的高层干部以及专门从国外请来的顾问共商对策。会上，大家一致同意再次扩建，但在规模上却出现了分歧。有人提议，在原来的基础上再扩展一倍，即提高至月产量 400 吨；外国顾问则提出增至 600 吨。

王永庆的提议是：增至 1200 吨。这就是说，产量提高到原来的整整 6 倍！这一数字惊得在场的所有人直发呆。

外国顾问再次建议："台塑最初的规模只有 100 吨，要进行大规模的扩建，设备就得全部更新。虽然提高到 1200 吨，成本会大大降低，但风险也随之增大。因此，600 吨是一个比较合理而且保险的数字。"他的这一意见得到大多数人认同。

王永庆则坚持认为："我们的仓库里，积压的产品堆积如山，究其原因是价格太高。现在，日本的塑料厂月产量已达到 5000 吨，如果我们只是小改造，成本下不来，仍然不具备竞争能力，结果只有死路一条。我们现在是骑在老虎背上，如果掉下来，后果不堪设想；只有竭尽全力，将老虎彻底征服！"

王永庆的一番话，终于使与会者接受了他的观点，连外国顾问都不禁为之折服。

就这样，王永庆的建议获得了台塑高层的一致通过。

但是，扩建计划还不能马上实施，因为增产需要增添设备，而购买新设备需要外汇。按当时的外汇政策，台塑的计划须经过特批。

王永庆将台塑的扩建计划提交给"工业委员会"主管进口设备的第一处处长沈观泰。沈观泰被王永庆的胆识所打动，爽快地批准了王永庆的计划，使台塑的扩建工程得以顺利进行。

1960 年，台塑的第二期扩建工程如期完成，塑胶粉的月产量激增至 1200 吨，成本果然大幅度降低，从而具备了到海外市场竞争的条件。

人们对财富孜孜以求，生意人更是如此。但财富到底何处寻？王永庆的成功告诉我们：在特定情况下，财富宜在险中求。

开先河的商机要大胆尝试

坚定的性格，能使一个人平庸的生命变得伟大，塑造坚定意志的，就是耐心。鲁滨孙漂流到一座孤岛上，寂寞、孤独、痛苦、绝望，但他最终从痛苦中醒来，以坚强的性格生存下来，把握了自己的生命。这是耐心性格的力量体现。爱迪生为了找到一个新材料，试验了几千种物质，面对了一次又一次的失败，最终成功，这也是大胆尝试的力量。

在春秋时期，有一名工匠因为没有合适的工具而烦恼。

一天，他在无意中被一棵小草划破了手指。他仔细地观察这棵小草，发现它的叶子都排成有规则的齿形。于是，这名工匠便想，我若照它的样子打造一把工具，工作时不就便利多了吗？

锯子就这样发明了，这名工匠便是被后世匠人誉为祖师的公输班。

有眼光的人不但善于发现市场的空白地带，而且善于以开创性的方式对它进行占领和经营。可以说，越是空白的地方越适合大显的神通。

美国乡下的一个小火车站，有个叫理查德·西尔斯的工作人员，曾经为了一点小生意被人追打过，他深深体会到了生存的艰难。当他步入商界以后，更是觉得如履薄冰，往往是蚀本而归，令他不胜烦恼。

有一次，西尔斯到田纳西州去采购一批珍珠，碰到几位到镇上的小店去买荧光灯的农民。店主搜寻了半天货仓，还是没找到这类商品。这件小事触动了西尔斯一直想发财的那根神经，于是他突发奇想，只觉得一个大好的商机向他扑面而来：美国的乡村都是远离城市的，乡下人想要买一件东西，就要花许多时间翻山越岭去城市。我要是向他们提供一种中介性质的服务，他们购物就要比以前省事多了。如此一来，我也就可以获得一笔不小的中介费。

想到了就马上去做。西尔斯从铁路运输部门到公司，从邮政部门到信息部门都做了一番调查，得出的结论是：各种时髦、先进的产品最先在城市被使用，散居在各地的农民也会逐步选购，如果能利用中介服务提前引导农民的消费，不仅会使供需双方受益，中介机构也有利可图。不久，西尔斯整理出了第一本邮购目录册，这本小册子成了西尔斯发大财的起点。

刚开始，西尔斯手头的货较少，小册子上打印的商品只有几种，但还是引来了不少农民购买，这对西尔斯是个极大的鼓励。

接下来西尔斯继续对农村市场的情况进行调查，对各种工业产品的生产过程做了许多分析，得知有些生活用品上市的时间不够快，主要是流通不畅，信息不灵。为此，西尔斯印发了大量的邮购商品目录达 100 页纸之多，上面直接印着农民兄弟需要的那类商品的出厂价格，末尾还打着这样的字眼："保证质量，如有质量问题可以退换。"

实践证明，西尔斯这一招是切实可行、有利可图的。没过多久，许多乡村寄来了汇款单，直接买了出厂价的产品。

业务扩大后，服务效率便成了首要问题。如果不能保证及时地按邮购人的要求送去商品，购物中介机构将失去生意。西尔斯看到了大生意降临的兆头，于是借巨款成立了一个速递邮购商品的公司，这个公司像无线电插接件生产线一样实行流水作业和标准化生产，成本低、效率高、投递及时。

慢慢地，良好的服务使西尔斯的邮购生意范围拓展到了全美国，西尔斯也因此成为巨富。

世上只有想不通的人，没有走不通的路。最原始的交易方式是物物交换，接着用一般等价物作为交换媒介。一般等价物的出现完全是人进行实践然后自发形成的媒介，虽然它谈不上什么理论依据，但它的确解决了一些技术性问题，就是它减轻了人们交换时的负担，为人们带来了便捷。等到后来出现了货币就更为方便了，而邮购在整个交易过程中属于一个中介。简单来看，它增加了交易的环节，让交易变得烦琐了；但是从它出现的根源上说，是因为交易双方居住地不同，在空间距离上存在很大的数差，所以邮购业应运而生。因此，这种符合商品流通规律的开先河的方法，从它出现之日起风行至今，也就没有什么可奇怪的了。

作为行业的先行者的确要承担一定的风险，但这并不能成为阻挡我们的理由，大胆去做才能争得丰厚的利润。

俗话说：想要获得别人不能获得的成功，就要想在别人的前面，并敢于做别人从未做过的事。不可否认，西尔斯当初做其他人做过的别的生意也可能发财，但做别人从未做过的邮购生意无疑要容易得多，因为作为开创者，起初根本就没有竞争对手。当然，想要从某一种别人从来没做过的生意中获取巨大的利润，还必须分析这一生意的可行性，毕竟创新也要遵守一定的规则。

可以这样说：创新是走向成功的一条捷径，做生意也是一样。我们不能老跟在别人的屁股后面，做别人正在做的买卖，那样是很难干出大的成绩的。我们应该多思考，勤动手，寻找一些别人没有发现的商机，开创别人没有踏入的生意领域，另外，要是觉得可以获得成功，就应马上行动，因为要是被别人抢占了先机，自己就会显得有些被动。

世上只有想不通的人，没有走不通的路。西尔斯能开创邮购业的先河，我们只要动脑筋去想，付出努力，也能开创一些行业的先河，步入成功的殿堂。

第八章

善于创新者

——以奇制胜赚到钱

在保守者的眼里，只有循规蹈矩、一成不变才是最稳妥的，但实际上，恰恰是创新，才是动力之源。创新就意味着突破旧有"瓶颈"，同时以一种新的方式来适应变化了的环境。在赚钱大军中，只有那些善于创新的人，才能以奇制胜赚到钱。

打破思维的束缚

　　在这个世界上，每一个人都是独一无二的，都具有与众不同的特殊性。这种特殊性可以表现在一个人的生理素质和心理素质上，也可以表现在一个人的社会阅历与人际关系上。与众不同的特殊性是一个人走向成功和自由的基础；人必须植根于自己的特殊性，忽视自己的特殊性或者故意抹杀自己的特殊性，是永远也不可能获得真正的成功和自由的。

　　尽管宇宙间美好的东西比比皆是，但是，不在烙上自己特殊性印记的那片土地上付出艰辛的人，终将一无所获。

　　很多人在生活和事业上循规蹈矩、谨小慎微，权威怎么说，他们就怎么说；众人怎么做，他们也就怎么做。他们是随波逐流的一群，毫无主见，毫无个性，只知道跟着潮流跑，根本不管潮流的方向怎样，也不在乎自己究竟能随大流跑出什么名堂。

　　享有"万能博士"美誉的哈默出生于美国一个医生家庭，他从小就显示出极高的经商天赋，18岁时接管了父亲经营的濒临破产的制药厂，通过进行一番大刀阔斧的改革，在极短的时间使其扭亏为盈，因而名声大噪。当时，他正在哥伦比亚医学院就读，成为全美唯一的百万富翁大学生。

1921 年，哈默获悉当时唯一的社会主义国家——苏联瘟疫正在流行，饥荒严重，便毅然放弃当医生的机会，赴苏联做一个人道主义者。他带领一所流动医院，包括一辆救护车和大批药品，长途跋涉，历经艰辛抵达莫斯科，将带去的价值 10 万美元的医疗设备无偿赠予苏联人民。

他来到乌拉尔山地区时，看到饿殍遍野，令人毛骨悚然；然而，白金、绿宝石厂应有尽有，各种矿产和毛皮堆积如山。

消息传到莫斯科，列宁一方面对哈默的胆识表示赏识，另一方面果断改变了过去对待西方国家的贸易态度，很快发出指标让外贸部门确认这笔贸易。哈默立即打电报给他在美国的哥哥哈里，运来 100 万蒲耳小麦，并从苏联拉走了价值 100 万美元的毛皮和一吨西方早已绝迹的上等鱼子酱，粮食解决了苏联的饥荒，哈默也因此得利，从此开了苏联对美国开放的先河。此后，他就在苏联搞起了经营，并导演了几次绝妙的好戏，大发其财。

1933 年，哈默利用政策变更又摇身一变，成了成功的酿酒商。

富兰克林·罗斯福就任美国总统，实行新政之际，哈默敏锐地察觉到：1919 年通过的禁酒令就要废除，全国对酒桶和威士忌的需求会出现空前的紧缺。于是，他从苏联购进大量制酒桶的白橡木，在新泽西州建立了现代化的酒桶厂。当禁酒令废除之日，其产品被酒厂以高价抢购一空。

第二次世界大战爆发，由于物资紧缺，酿酒工厂被禁止用谷酿酒，威士忌酒一时成了热门货。哈默看准行情买下了 5500 股美国酿酒厂的股票，并以拥有 5500 桶烈性威士忌酒作为股息。2 个月后，股票的价格从 90 元升到了 150 元。哈默将 5500 桶酒贴上自己的"丹特"牌商标在市场上售出，转眼工夫就卖掉了 2500 桶。

这时，一位前来拜访的化学工程师告诉他：威士忌酒若掺上 8% 的廉价土豆酒精，这种混合酒的味道和纯威士忌酒没有人会区别出来。哈默脑子里飞快地作了一番计算，欣然接受了这位化学工程师的建议。没有多久，这种混合酒便生产出来了，这种酒只掺进 20% 的威士忌。这样，哈默原先剩下的 3000 桶酒翻了五番，成了 15000 桶。商店周围又排起了长龙，消费者争先恐后地购买了这种物美、价廉的新型混合酒。

两年后，哈默的"丹特"牌威士忌酒一跃成为美国第一流名酒，哈默本人也成为美国第二大威士忌生产商。

此后，哈默还当过牧场主、企业家，而且非常成功，哈默的随机应变招数令全美国人目瞪口呆。

唯物辩证法认为：偶然之中有必然，不论是以前的富豪洛克菲勒、巴菲特、哈默，还是今天的数字英雄比尔·盖茨、戴尔、杨致远等人，虽然他们所处的时代不同，其成功也确实有偶然因素，但更多的是他们在一样的勤劳之外，还都有"时刻准备着"的头脑，善于审时度势、把握商机的敏锐眼光和永不满足的创新精神。正是这种敏锐的眼光和永不满足的创新精神，使他们走上了发财的路。

创新有时只是多做一点点

有一些人自惭形秽，对自己独特的存在价值缺乏信心，对自己的特殊性感到害羞和不安。他们总想成为别的什么人，而不是他们自己。他们总是羡慕他人，模仿他人，总希望自己长得像别人，吃得像别人，住得像别人，甚至连言谈举止、说话腔调都要效仿他人。

在生存竞争激烈的现时代，不展示自己的独特性，不拿出点自己的绝活儿来，连生存都困难，更别谈发展和成功了。

太平洋上的某个国家，是有名的游览胜地，每年都有大批的游客光顾这里。该地有个习俗，就是在煮可可时往里面加鸡蛋。

两个外乡人来到这里，各自开了一家小饭馆。

其中一家在为客人煮可可时，习惯性地问："加不加鸡蛋？"而另一家则问："加一个蛋，还是加两个？"

经营的差别就因这句话而拉开。一年后，那个只问"加不加鸡蛋"的饭馆便被另一家所兼并。

有时候，全新理念也并不全来自所谓的奇思妙想。其实，生活中许多被忽略的但也需要解决或体贴的小问题正是"新理念"形成的来源。在这方面做出努力极有可能就会成为超越对手的优势。

王永庆第一次开米店做老板时，才 16 岁，此前他已在一家米店当过学徒，对米店运作倒不陌生。

一家米店虽小，仅靠他一个人还是忙不过来，他便将大弟王永成和二弟王永在带到嘉义来，在米店帮忙。

作为米粮集散地，小小的嘉义城开有 20 多家米店，王永庆的那家店可以说是开得最晚、规模最小的了。

小店坐落在一个偏僻的巷子里，本不是做买卖的好地头，但王永庆只有 200 块本钱，还是父亲东挪西借为他借来的。除了选择稍为偏僻而租金便宜的地方之外，别无他法。

由于米店规模小、本钱少，又缺乏知名度，一时间难以做成大买卖，王永庆于是就把目光瞄准了家庭零售生意。他想，别的米店都热衷于做大宗的批发生意，我就做只有蝇头小利的零售生意吧。俗话说，山大就能收到柴，嘉义这地方人口多，只要一半人来买我的米，利润也相当丰厚呢。

但是，没过多久，王永庆就发现这种想法不现实。虽然别的米店主要经营大宗批发生意，但零售也是兼顾的。几乎每个家庭都已经有了固定的米店供应大米，谁愿意去一个偏僻的新开小店买米？

在新开张的那段日子里，王永庆的米店冷冷清清，门可罗雀，有时甚至一整天也开不了张。后来王永庆背起米袋子，挨家挨户去推销，效果也不佳。

怎么打开销路呢？几经思索，王永庆决定在米的质量和服务质量上做文章。

当时农民们收割稻谷之后，都是铺在马路上或场院上晒干，碾成米后，米堆里有不少米糠、砂粒甚至小石头等。这种现象非常普遍，不论是卖米的还是买米的都习以为常、见怪不怪。

王永庆却从这里找到了突破口，他和两个弟弟一齐动手，把夹杂在大米里的米糠砂石之类统统拣干净。这样，同等价钱的米，王永庆店里的质量要比别人高一个档次。

在服务方面，当时没有送货上门一说，人们必须自己到米店买米。米店则完全处于被动状态，只有等顾客上门才有生意可做。

虽说这是大家早已习惯的买卖方式，但善于求变创新的王永庆却因此找到了第二个突破口——他不但送货上门，而且每次送米到客户家里时，都要详细地打听这家有多少人吃饭，每人饭量如何，估计出这家人一段时间的用米量，然后记在本子上，这样他便掌握了顾客家的食米量与购米的时间，就能赶在顾客要去购米的时候及时将米送来，这样的服务大受顾客欢迎。

此外，不管是刮风下雨，还是白天黑夜，只要顾客说一声要米，他随叫随到。

接下来，王永庆在送米时增加了一些额外的服务，比如把顾客米缸里的旧米淘出来，将米缸清洗，新米放在下层，旧米放在上层等等。

在收米款上，王永庆也另辟蹊径，他了解到，嘉义城中的大多数家庭都是以打工为生，并不富裕。由于他是主动送米上门，如果马上收钱，碰上顾客手头紧时，会弄得大家都很尴尬，因此，每次送米时，王永庆并不急于收钱，他把全体顾客分门别类，逐一登记各人的发薪日，等顾客领了薪水后再去收米款，每次都十分顺利，从无拖欠现象，顾客也因没有赊欠的心理压力，对这种收款方式非常满意，都愿意买他的米。

王永庆在质量、服务、收款上的创新做法，在嘉义20多家米店内可谓独树一帜，吸引了不少顾客。大家都说王永庆米店出售的米质量好，服务周到，信用第一。

大家一传十，十传百，他的名气越来越大，嘉义人人知道有个叫王永庆的少年老板。他的米店生意也越来越好、越做越大。刚开业时，一包12斗的米一天都卖不完，现在一天可售出十几包米。

日后，王永庆回忆起这段经历时，不无感慨地说：

"虽然当时谈不上什么管理知识，但是为了服务客户做好生意，就认为有必要掌握客户需要买米及方便付款的日子，没有想到，由此追求实际需要的一点小小构想，竟能作为起步的基础，逐渐扩充演变成为事业管理的逻辑，到今天台塑企业各项管理制度的基本概念，都可说起源于此。"

以往做生意，都是你情我愿，你出钱我出货，各不相欠，根本没有完整的售后服务和服务项目。王永庆在当时的做法可称得上是超前的。正是这些创造性的做法，让他成功地逐步积累起自己富可敌国的财富。服务不可以当商品卖，但可以促使消费者购买更多的商品，它是企业或商家信誉的重要组成部分，也是现代经营者经商的常识。

游在池塘里只是鲤鱼，大胆一跳，跃过龙门便化身为龙。为顾客多做一点，多想一些，就能得到他们的认可，就能使他们在对比之下选择你。多做一点就得具备吃苦耐劳的品质。

王永庆正是由于具有这种吃苦耐劳的精神，后来在经营台塑企业时便得心应手，即便遭遇挫折也能坦然面对，取得成功。

成名之后，王永庆深有体会地说："对我而言，挫折等于是提醒我，某些地方疏忽犯错了，必须运用理性，冷静分析，以作为下次处事的参考与借鉴，能以正确的态度面对人生所不能忍的挫折，并从中获益，挫折的杀伤力就等于锐减了一半，因此，我成功的秘诀就是四个字：吃苦耐劳。"

"吃得苦中苦，方为人上人。"这句流传千百年的至理名言告诉我们这样一个道理：吃苦耐劳也是在积蕴商机。那些能吃苦耐劳的人，很少有不成功的。王永庆由米店学徒到"塑料大王"的成功秘诀，用他自己的话来说，就是"吃苦耐劳"。苦吃惯了，便不再把吃苦当苦，反而能泰然处之，遇到挫折也能积极进取；怕吃苦，不但难以养成积极进取的精神，反而会采取逃避的态度，这样的人也就很难有成就了。

"吃不了苦"是时下年轻人的一种通病，他们对目前稍微繁重的工作总是感到不满，总想找一个既轻松又能赚大钱的工作。结果往往是，好机会没有降临，宝贵的年华却虚度了。

那些刚走出大学校门的知识青年，总以为自己有了高学历，有了丰富的理论知识，就等于具备了获取成功的一切因素，也就不用再吃苦了。殊不知，这是一种误解，学历、理论知识并不代表能力。理论知识只是构成能力的一个方面，而不是全部，如果不愿吃苦，就积累不了足够多的实际经验，就不知道理论知识具体该怎么用。所以，对于刚出道的人来说，唯有以勤补拙，任劳任怨，迅速提高自己的实际操作能力，才有发展前途，就像幼鸟练飞一样，先别嫌飞得不高，经过勤练，把翅膀练硬了，自然海阔天空，任我翱翔。

吃苦耐劳是发财致富、获取成功的秘诀，也是每一位渴望走向成功的人应该具备的基本素质，有道是：苦尽甘来。当一个人通过勤劳苦干，让自己的能力提高到了一定的程度，各种商机自然会降临于你。

在模仿中创新

爱默生曾经说过："羡慕就是无知，模仿就是自杀。"无论是历史上，还是在现实生活中，不知道有多少天赋非凡的模仿者，由于遗忘或者故意掩饰自己的特殊性，最终都一事无成，沦为追随他人的牺牲品。

当然，模仿别人并不是完全不可以。有时候，模仿一些成功者的想法和做法是十分必要的。但是，除非根据自己的特殊性去模仿，在模仿的过程中融入一些真正属于自己的东西，否则，成功和自由是不可想象的。

生命的意义在于创新的刺激，人生最重要的欢乐在于创造的欢乐。首先必须和别人干得不一样，然后才能比别人干得好；首先必须为这个世界带来一些新的东西，然后才能实现自己的成功和自由。

你就是你，不是别人；你不需要成为别人，你也不可能成为别人。无论你想在哪一个领域中获得自由与成功，你都必须保持自己的本色，培养属于自己的风格。

毋庸置疑，保持和发扬自己的特殊性并不是轻而易举的。在你的生活和工作中，总有一些人会对你与众不同的特殊性看不惯，他们可能会劝告你，也可能会指责你，甚至还会打击你。由此，在一些无关紧要的方面，你决不应故意与众不同、标新立异；故意与他人不一样虽然会一时惹人注目，但却会为你真正的成功和自由埋下祸根。

正确的做法应当是：在次要的地方，你不妨从众，不妨做出一些妥协和让步，以减少那些不必要的麻烦；而在决定成败、决定前途和命运的关键时刻，务必像雄狮和苍鹰那样独立，坚持自己的独特性，高扬自己的特殊性，决不为任何外在的压力所折服。

为了创新，李嘉诚曾亲赴意大利，给人打工。偷师学艺。但他的成功之处更在于不拘泥于别人的新，而是从模仿中找到适合需要的"新"。

初创业的李嘉诚开始生产塑胶玩具，尽管生意状况还不错，但由于竞争者日渐增多，他已隐隐感到了某种危机，他决定寻找一个新的突破口。一天深夜，他从杂志上看到了一则意大利生产塑胶花的消息，李嘉诚心中一动，决定前往意大利取经。他进入一家塑胶公司打工，借机偷师学艺。

从意大利学艺归来，回到长江塑胶厂，李嘉诚不动声色地把几个部门的负责人和技术骨干们召集到了他的办公室，把带来的塑胶花样品一一展示给大家看。众人看了这些千姿百态、形象逼真的塑胶花，无不拍案叫绝。

随后，李嘉诚满怀信心地向大家宣布，长江厂今后将以塑胶花为主攻方向，一定要使其成为本厂的拳头产品，使长江塑胶厂更上一层楼。

选定设计人员之后，李嘉诚便把样品交给他们研究，要求他们尽快开发出塑胶花新产品。他强调新产品应着眼于三点：一是配方调色，二是成型组合，三是款式品种。

塑胶花说白了就是植物花的复制品，不同国家、不同地区，甚至每个家庭、每个人喜爱的花卉品种都不尽相同。李嘉诚发现他带回来的样品，无论从品种还是花色方面看都太意大利化了，不适合香港人的口味。

因此，李嘉诚要求设计者顺应香港和国际大众消费者的口味和喜好，设计出一套全新的款式来，不必拘泥于植物花卉的原有形状和模式。

设计师们经过精心研制，终于做出了不同色泽款式的"蜡样"。李嘉诚对设计师的作品很满意，但他依然不敢确信是否适合香港大众的口味，于是他便带着蜡花走访了不同消费层次的家庭，最后决定以其中的一批蜡花作为主打产品。此时，技术人员经过反复试验，已把配方调色确定到最佳水准。又经过连续一个多月的昼夜奋战，终于研制出了第一批样品。

李嘉诚携带自产的塑胶花样品，像最初做推销员那样，一一走访经销商。当李嘉诚把样品展示给他们时，这些经销商被眼前这些小巧玲珑、惟妙惟肖的塑胶花惊诧得瞠目结舌、眼花缭乱。有些经销商是长江厂的老客户，正因为太了解长江厂了，他们才更加不敢相信自己的眼睛，心想，就凭长江厂那破旧不堪的厂房、老掉牙的设备，能生产出这么美丽的塑胶花，确实令人难以置信。

"这是你们生产出来的吗？"一位客户满腹狐疑地问道，"论质量，可以说与意产的不分上下。"

"你们大概怀疑我是从意大利弄来的吧？"李嘉诚早已看出了客户

的狐疑，他心平气和地微笑道："你们可以将两者比较，看看是港产的，还是意产的。"

大家围着塑胶花仔细察看，这才发现李嘉诚带来的塑胶花，的确与印象中的意大利产品有所不同。在样品中，有好多种中国人喜爱的特色花卉品种。

不久，塑胶花迅速风行香港及东南亚。更精确地说，应该是在数周之间，香港大街小巷的花卉商店中，几乎全都摆满了长江出品的塑胶花。寻常百姓家、大小公司的写字楼里，甚至汽车驾驶室里，无不绽放着绚烂夺目的塑胶花。

李嘉诚用他的塑胶花掀起了香港消费新潮，长江塑胶厂渐渐开始蜚声香港业界。

李嘉诚的创新不是生搬硬套，更不是不切实际地闭门造车，而是在模仿中找到结合点，在结合中求新鲜，以新鲜攻占市场。可以说李嘉诚念足了模仿中创新的生意经。

把小机会变成大机会

遗传学家告诉我们，每个人的基因都是由 24 对染色体结合而成的。阿姆拉姆·善菲尔德在《你与遗传》里说："每个染色体里面都有成百个遗传基因，每一个基因都能改变你的生命。所以在这个世界上你是独一无二的，这是你的财富和骄傲。"任何创造性的劳动都是个性鲜明的，而上天给你的正是独一无二的个体和个性。

有人认为任何称得上艺术的作品都是"自传性的"，因为他必须具有独一无二的个性，就如同世间找不到第二个雷同的复制品一样。

要取得事业成功，生活幸福，重要的是要有积极的自我心态，要敢于对自己说："我行！我坚信自己！我是世界上独一无二的人！"就像释迦牟尼佛诞生时，一手指天，一手指地，说："天上地下，唯我独尊。"

史亮从捡拾垃圾的小机会开始做起，不断发现、挖掘新机会，最终找到了一个又一个的大机会，这些机会也给他创造了巨额的财富。

史亮的事业，是从捡拾垃圾开始的。

从事这种工作是非常需要吃苦精神的，一个拾荒者，哪怕只收一个品种，如橡胶、塑料、金属等，一年下来的纯利不会低于 1 万元。但这是一个脏活、累活，哪怕垃圾堆里有金子，许多人也不屑一顾。因此，想在这一行有建树，不是一件简单的事情。史亮最初不得不靠捡拾垃圾维持生计，这实属无奈之举，但自从半年后靠捡垃圾有了第一笔 1000 元积蓄后，他就敏锐地发现了其中的发财机会，并决心将自己的事业建立在为公众服务上。

捡了一段时间的垃圾后，有心计的史亮想到了众多拾荒者都不曾想到的一个问题：花钱收集起来的这么多垃圾到底有什么用？

从收购者那里一打听，史亮就发现了其中的门道：这些垃圾中的塑料运到河北文安，铁皮罐、骨头运到天津蓟州区，玻璃运到邯郸，纸运到保定，有色金属运到霸州市，胶皮鞋底运到定州……

灵感来了，史亮想方设法弄到了上述厂家的电话，很快他避开二道贩子，自己成了垃圾头。

捡垃圾不到一年，史亮就干了人们都没想到的事情，捡了许多年垃圾的人不无感慨地说，史亮有这样的心思，迟早会脱颖而出。事实也正如此，成了垃圾头的史亮，逐渐将捡垃圾的人组织起来，每50人为一个"舵"，分门别类成立小组，凭着一干人马的苦干，他有了自己的废品回收站。废纸、废铁铝罐、玻璃瓶、塑胶器皿、废旧金属等，几乎所有的废弃物品他都收，再经过整理、分类、打包、运送等全部过程，找到末端购买者直销厂家。这样，收入由原来每月的几百元增至到几千元。

熟悉垃圾以后，史亮渐渐发现资源回收这个行业有无穷无尽的潜力，所有的垃圾在他眼中全是宝。收购的废品中，有一部分被当做废铁卖的旧自行车，史亮动起脑子搞起了自行车翻新的业务，这样获利更多。以后，他又搞起了废旧轮胎翻新的业务。

到1986年，他索性在长沙市郊河西厂后街租下了10多间房子，对收购来的可利用物资进行第二次加工，然后在市场上出售，生意十分兴隆。从单纯的收废品到废品加工再利用，史亮在收废品的同时，又走上了一条新路。

1990年，史亮根据市场金属铝热销的行情，果断地进行投资，成立了振欣铝业有限公司，利用废旧金属提炼铝。上马之初，有眼光的史亮抛弃了一般手工作坊炼铝的方式，购回正规设备，花3个月时间，亲自去辽宁本溪学会了过硬的技术，当时市场上的铝能卖到1万元/吨，有了先进的技术做保障，史亮无疑抢占了市场的先机。以后，他又根据已成熟的经验，相继投资了废旧轮胎翻新厂和铝合金加工厂，到1995年时，32岁的史亮已经拥有了自己的3个工厂，资产达数百万元。

谁都想抓住改善命运的机会，只是许多人做不到。正是许多人做不到的，史亮却做到了。跟废旧垃圾打交道的时间越长，史亮对这一行也就关注得越多。

以废塑料为例，长沙年产废塑料3万吨，目前主要采取填埋方法处理，而被埋的废塑料200年都不会腐烂，会产生碳纤化合物气体，极易燃烧和发生爆炸。于是，史亮想到了用废塑料炼油项目，如果这个项目成功了，不但可以使自己的事业更上一个台阶，还是一件利国利民、造福人类的好事。

1996年，史亮开始了个人项目的调整和论证，整个项目成功的关键在于技术，为此，史亮花了近两年的时间进行市场考察和机器设备的引进。

除了在国内了解此项技术外，他先后去了日本、德国、新加坡、马来西亚等地，考察他们治理垃圾的先进经验，最后，他选择了从日本引进先进经验及先进的技术设备。

经过1年的技术论证，1999年6月，投资1300多万元的环保塑化炼油厂正式成立。从废塑料加催化剂，经过500度高温熔化来回循环、冷却、澄清，到分类出柴油、汽油，整个现代化炼油的工艺流程科学合理，杜绝了二次污染。经过处理，每吨废塑料的出油率可达75%，每吨油的利润在1000元左右。项目投产后，生产的合格产品已源源不断地进入市场，供不应求，史亮的经营取得了辉煌的业绩。

与此同时，史亮又从德国引进了治理被称为"黑色污染"的废旧轮胎制粉技术，成立了环保橡胶制粉厂，生产出的橡胶粉被用于铺设柏油路，不但成本低，还能起到防滑、防冻的作用，产品销售一直看好。

从捡垃圾做到公益环保工业，史亮终于在服务大众与建功立业之间建造了一座金桥。

从史亮的商迹中，我们研究他的商道发现，他的事业每一步的扩张都是他运用手里掌握的资源并结合市场挖掘商机的结果。

如果只知道低头走路，从来都不懂得抬头看看，选择一下是否还有更好的路可供选择，那这个人恐怕永远都走不远。一开始也许大家面临的都是一个小机会，但机会中还会蕴藏多个机会，从中步步挖掘，小机会也就能变为难得的大机会。

在不可能之中找商机

当一个人的思想朝阳光的一方发展，他会发现自己的生活获得了巨大的收益……

改变我们的气质关键在于我们的内心，如果一个人不能从心理振作起来，那他将永远走不出笼罩在自己身上的那片阴影。

生活因你的心态而改变，行动是追随着自己的感受的，快乐是源于内在心情的……

一定要相信自己是不可替代的，因为自暴自弃依然于事无补。一定要用百折不挠的精神去努力奋斗，塑造自己的不可替代性！

你在想象之中希望成为怎样的人，不仅要"看到自己"扮演哪个角色，还要看自己适不适合这个角色。只有做适合自己的事，你的才华才能发挥到极致。要改变个性，一定要在心里先"看清楚"自己要变成的最适合的那个角色。

"风扇为什么不能是蓝色的？"东芝的一个员工的小灵感引发了一场风扇的变革，挽救了整个企业。世上没有绝对不可能的事，只要你敢于突破思维常理，进行创新思考，就会获得更多意外的收获。

1952 年的一天，日本东芝电气公司董事长石坂从库房里出来，在小路上踱来踱去。汽车从他身边擦过，路旁绯红的樱花迎风摇摆着，对这些，石坂全然不知，因为库房里积压着大量的电扇卖不出去，7 万多名职工为了打开销路，费尽心机地想了不少办法，依然进展不大。面临着这样一个棘手的问题，当然石坂得绞尽脑汁了。

"董事长。"一个小职员的问候打断了石坂的思绪。"把咱们生产的电扇换成蓝色的吧。"小职员说。石坂一怔，这个小职员的建议引起了他的高度注意。"我们谈谈去。"石坂拉着小职员的手向他的办公室走去。

"你怎么会有这种想法呢？""浅蓝色是天空的颜色，多么赏心悦目；而黑色多昏暗，多压抑呀。"石坂听了满意地点点头，但又提出一个疑问："全世界的电扇都是黑色的，我们怎么能够例外呢？""这正是我们的悲哀。黑色成了一种惯例、一种传统，似乎电扇都只能是黑色的，不是黑色的就不成其为电扇，我们为什么不能突破这个框框呢？"石坂听了小职员的话觉得耳目一新，心里亮堂得像打开了两扇窗户。他把小职员的建议立刻告诉设计部门，经过进一步完善，很快拿出了样品。

第二年夏天，东芝公司推出了一批浅蓝色电扇，大受顾客欢迎，市场上还掀起了一阵抢购热潮，几个月之内就卖出几十万台。从此以后，在日本，以及在全世界，电扇就不再都是一副统一的黑面孔了。

这一改变颜色的设想，所带来的效益竟如此巨大，而提出它，既不需要有渊博的科技知识，也不需要有丰富的商业经验。

东芝公司这位小职员提出的建议，从思考方法的角度来看，其可贵之处就在于，它突破了"电扇只能漆成黑色"这一思维定式的束缚。

所有的发展都按既定的模式进行，这样的模式也便自然而然地成了标准。但如果一味守旧，守着那些所谓的"标准不放"，那便是悲哀。突破惯例，打破传统，让不可能变为可能，你便能在创新中找到解决问题的金点子。

有人说：伟大的人生始自你心里的想象，希望做什么事，就会成为什么样的人。想象虽说不能给你带来什么，但它可以给你一种无形的信心和勇气，使你在不知不觉中产生力量，从而使你走向成功。

在众人关注中找商机

社会生活中总会发生大大小小的事件，当这些事件成为人们生活的焦点时，它也就成为社会的"热点"。所谓"热点"，指的就是某时期引人注目的问题。

人们所欣赏的成功人物大都是通过竞争脱颖而出的人。他们具有常人所不具备的坚韧毅力，他们勇于拼搏、不断进取。真可谓与天奋斗，其乐无穷；与地奋斗，其乐无穷；与人奋斗，其乐无穷！

不断挑战自我，超越别人，崇尚竞争，才能使自己在激烈的竞争中脱颖而出。

人可以长时间卖力工作，创意十足，聪明睿智，才华横溢，屡有洞见，甚至好运连连。但是，人若是无法在创造过程中了解自己想法的重要性，就一切都会落空。

在成功、财富以及繁荣的创造中，最重要的元素来自内心——你的想法。坚持着一串特殊的想法，不论是好是坏，都不可能不对性格和环境产生一些影响。人无法直接选择环境，可是他可以选择自己的想法。这样做虽然间接，但必然会塑造他的环境。

假如你能够窥探成功人士的内心，你便会发现丰富的成功想法。

为了创造外在的财富，你必须先创造繁荣的念头。你必须看见自己成功的模样，成功地在心中演出你的梦想和抱负。

诱人的是，你很想说服自己，你会变得更肯定，你的想法也会变得更纯粹，更与成功有关。致富的最快、最有把握的方法，就是从内往外。思想具有莫大的力量，用你的想象力来创造梦想，巨大的转变就会随之而来。

面对同样的"热点"，不同的人会有不同的态度，常人也许仅仅以旁观者的身份关注一下，但精明的商人们却不仅如此，他们还会从中挖掘更多的商机，李树斌便是其一。

李树斌是马来西亚人，从小就梦想着将来能通过做生意发大财，于是，大学毕业后，他没有去找工作，而是向银行借了笔钱，办了一家日用小商品生产厂。但由于市场竞争十分激烈，几年下来，李树斌的事业几乎还是原地不动，这令他十分苦恼。不过他是一个认定一件事就会干到底的人，所以他从来没有想过要放弃自己的小工厂，而是一直在寻找发展壮大的机遇。

1998 年，马来西亚有一位名叫费伊的少年，因盗窃公共财物被捕，由于不符判刑条件，便给予一顿鞭刑以示惩戒。这本属平常小事，但被媒体披露后，竟在全马来西亚引起了轩然大波，一些人认为，运用这种残酷的刑罚，对待一位尚属初犯的少年，很不人道；也有一些人觉得，青少年犯罪日益增多，很重要的原因之一就是在人权的掩盖下，未能得到应有的惩戒，这样，必然惯坏孩子，走上更大的犯罪道路。双方争辩十分激烈，引起国际社会的广泛关注。

作为马来西亚的一分子，李树斌当然也十分关注这一"热点"事件。不过，和一般人不同的是，他关注的不是争辩双方的对与错，而是这件事能否给他的事业带来发展的机遇。有一天，他突然灵机一动：要是开发一批带有警示性的日用品，趁机投放市场，不是可以受到那些支持对犯罪少年加以惩戒的人的青睐吗？并能让青少年在无痛苦中得到警示。

很快地，他请人设计了一个藤条刑具的图案，印在 T 恤衫、茶杯、书包上，并加上一条广告语：不用藤条，便会惯坏孩子！

结果和李树斌预料的一样：其带有藤条刑具图案的 T 恤衫、书包等日用品十分畅销。大多数马来西亚中老年夫妇都争相购买，以此来警示自己的儿孙。

就这样，李树斌抓住了众人讨论青少年犯罪是否该受到严惩这一热点事件创造了一次商机，开发了日用品新市场，让自己的公司从此声名大振，发了一大笔财，走出了低谷。

对于"热点"的把握，成就了李树斌的企业。正是他无比精妙的创想，将"热点"及时变为"卖点"，才使他的公司从此名声大振。

现代社会瞬息万变，这也导致了竞争的加剧，于是人们开始慨叹："生意越来越难做，钱不好赚了。"表面看来确是如此，但细细探究，却并非这样，有如此抱怨的人，他们大都是不能把握机会的弱者。

其实，在信息膨胀的今天，每天都会有大量的新闻资讯，其中自然不乏"热点"事件，而恰恰是这些"热点"，吸引了无比众多的眼球。所以，发掘社会生活中的"热点"，把"热点"转化为产品的"卖点"，消费者的注意力便会集中到你身上。